U0185809

图书在版编目（CIP）数据

从一到无穷大 / （美）乔治·伽莫夫著；陆永耕，
郭天鹏译 . -- 北京：中国科学技术出版社：华语教学
出版社，2023.12

ISBN 978-7-5046-9757-8

Ⅰ.①从… Ⅱ.①乔… ②陆… ③郭… Ⅲ.①自然科
学 - 普及读物 Ⅳ.① N49

中国国家版本馆 CIP 数据核字（2023）第 034425 号

总 策 划	秦德继
策划编辑	张敬一　林镇南
责任编辑	剧艳婕　王寅生
特约编审	刘丽刚
封面设计	锋尚设计
版式设计	中文天地
责任校对	张晓莉
责任印制	马宇晨

出　　版	中国科学技术出版社　华语教学出版社
发　　行	中国科学技术出版社有限公司发行部　华语教学出版社发行部
地　　址	北京市海淀区中关村南大街16号
邮　　编	100081
发行电话	010-62173865
传　　真	010-62173081
网　　址	http://www.cspbooks.com.cn

开　　本	880mm×1230mm　1/32
字　　数	226千字
印　　张	11
版　　次	2023年12月第1版
印　　次	2023年12月第1次印刷
印　　刷	河北鑫兆源印刷有限公司
书　　号	ISBN 978-7-5046-9757-8 / N·305
定　　价	79.00元

（凡购买本社图书，如有缺页、倒页、脱页者，本社发行部负责调换）

译者序

2018 年我在编写《工业基础原理概论》一书时，有朋友告诉我国外有类似的畅销书，可以作为参考，但那时想要按自己的想法撰写书籍，所以并未参考。直到现在翻译了这本书，对于筛选主题时要考虑"重要性以及有趣程度"，我才有了深刻体会。

作为享誉全球的科普作家，伽莫夫的作品自然有精巧的构思和奇妙的表述方法，本书所选的主题横跨时空，从浩瀚宇宙，到细胞、电子，简略得当，比喻生动，无不浸透着作者的心血和汗水。当然，作为科普作品，重要的还是有更广泛的受众，有更深远的影响，能经受时间的磨洗，历久弥新。

我在翻译该著作的过程中，也深刻感受到了作者深厚的专业基础和人文关怀，遇到各专业专有词汇概念的内涵与外延时，唯恐翻译理解有误。书中有时间的概念，又有空间的视野，还包含了生物多样性、化学化工冶金、图像坐标变换，能量与时空等效等概念，涵盖了 20 世纪初物理两个"灾难"以后出现的革命性发现和发明，为我们展示了一幅全景式的科学盛宴。

即便过去了半个世纪，我们在欣赏这饕餮盛宴的同时，仍然能够感受到神奇的大自然带给我们的无尽乐趣，能够领会到科学家那种探索未知世界的精神，就让我们跟随大师的脚步，去感受知识的力量吧！

献给我的儿子伊戈尔
他是个想当牛仔的小伙子

前言

▶▶ **A**

原子、恒星和星云是如何构成的？熵和基因是什么？空间是否可以弯曲？为什么火箭在飞行时会缩短？是的，我们将在本书中讨论所有这些话题，以及其他许多同样有趣的话题。

这本书最初是为了收集现代科学中最有趣的事实和理论，以便让读者像科学家一样对宇宙的微观和宏观表现有个大致的了解。在具体执行这个宏大的计划时，我没有试图讲述整个故事，因为我知道，任何这样的尝试都需要完成一套多卷本的百科全书。同时，我对所要讨论的主题进行了筛选，力求对整个领域的基础科学知识进行简要的考察，不留死角。

筛选主题时，我的主要根据是主题的重要性和趣味性，而不是难易程度，书中有些章节简单到孩子们就可以轻松理解，而另一些章节则需要稍微集中注意力才能完全理解。当然，我希望普通读者在阅读这本书时不会遇到太大的困难。

我们注意到，书中讨论"宏观宇宙"的最后一部分比"微观宇宙"的部分要短得多。这主要是因为我在《太阳的诞生和死亡》与《地球小传》①中已经详细地讨论了关于宏观宇宙的很多问

---

① 这两本书由纽约的维京出版社分别于 1940 年和 1941 年出版。

题，再详细地讨论将是一种乏味的重复。因此，在这一部分中，我只对行星、恒星和星云世界中的物理事实和物理规律作一般性的叙述，只有在涉及最近科学知识进步所揭示的新问题时才作更详细的讨论。遵循这一原则，我特别注意了所谓"中微子"引发的超新星爆发，中微子是物理学家目前已知的最小粒子，并由此产生了新的行星理论。新理论推翻了人们熟知的观点，即"行星起源于太阳和其他恒星的碰撞"，转而重构了康德和拉普拉斯几乎被遗忘的古老理论。

我衷心感谢众多艺术家和插画家，他们的作品经过拓扑学变换（第二部分 第三章），成了本书的许多插图装饰素材。

我最想感谢我年轻的朋友玛丽娜·冯·诺伊曼，玛丽娜声称除了数学，她比她著名的父亲了解得更多。她读了书中一些章节的手稿，告诉我许多她不理解的内容，这让我认识到这本书并不像我当初想的那样——是写给孩子的读物。

乔治·伽莫夫

1946 年 12 月 1 日

1961年版序言

▶▶ **A**

所有的科学书籍在出版几年后都容易过时，在迅速发展的科学领域尤其如此。从这个意义上来说，13年前首版的《从一到无穷大》是一本幸运的书。问世之时正值一系列重要的科学进展之后，所以及时吸纳了这些最新的知识，今日再版只需稍加修补。

其中一个重要的进展是以氢弹爆炸为代表的热核反应，以及通过热核过程缓慢而稳定可控地释放原子能。热核反应的原理及其在天体物理学中的应用已在本书第一版第十一章中作了介绍，因此，本次只在第七章的末尾添加了一些新内容。

其他修订包括，宇宙的年龄估计从20亿年或30亿年增加到50亿年或更久[①]，还修订了加利福尼亚州帕洛马山（Mount Palomar）新的200英寸[②]海尔（Hale）望远镜探索后的天文距离尺度。

由于生物化学方面的最新进展，我重新绘制了图101并修订了说明文字，在第九章末尾增加了关于合成一些简单生物的新素材。在第一版中，我写道："是的，有生命物质和无生命物质之间存在过渡阶段。也许在不久的将来，某个有才华的生物化学家能

---

① 目前的研究成果表明，宇宙的年龄约为138亿年。——译者注
② 1英寸等于2.54厘米。

够用普通的化学元素合成一种病毒分子，他会惊叹道：'我们刚刚把生命的气息注入到了一片死物质中！'"几年前，在加利福尼亚州确实有人完成了或者几乎完成了这一壮举，读者可以在第九章的末尾找到关于这项工作的简短描述。

还有一个变化：本书第一版题词是"献给我的儿子伊戈尔，他是个想当牛仔的小伙子"。许多读者来信问我，他是否真的变成了一个牛仔。答案是否定的。他今年夏天毕业，主修生物学，并计划从事遗传学工作。

乔治·伽莫夫

科罗拉多大学，1960 年 11 月

目录

▶▶ CONTENTS

第四部分　宏观宇宙

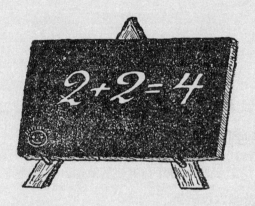

第一部分

数字游戏

Part 1 Playing with Numbers

第一章
大数字

_____

1. 你能数到多大?

有一个关于两个匈牙利贵族的故事,他们决定玩一个游戏,谁说的数字最大谁就赢。

"好吧,"其中一个人说,"你先说出你的数字。"

经过几分钟的冥思苦想,第二位贵族终于说出了他能想到的最大数字。

"3。"他说。

现在轮到第一个人抓耳挠腮了,一刻钟后他放弃了。

"你赢了。"他说道。

当然,我无意冒犯匈牙利人,这个故事只是一个调侃罢了。但如果这两个人不是匈牙利人,而是霍屯都人,这样的对话可能就真的发生过。有些非洲探险家曾经提及,霍屯都部落的词汇中没有大于3的数字。问一个当地人有多少个儿子或杀了多少个敌人,如果数字超过3,他就会回答"很多"。因此就计数而言,原始部落再勇猛的战士也斗不过幼儿园的孩子，后者完全可以夸耀自己有能力数到 10!

如今，我们已经非常习惯于这样的想法：我们可以随心所欲地写出一个大数字，无论是以美分为单位表示战争开支，还是以英寸为单位表示恒星距离，只要在某个数字的右边写下足够数量的零即可。不断加零直到胳膊抬不起来，你会得到一个比宇宙中的原子总数还要大的数字，[①]顺便说一下，这个数字是 300,000,000,000,000,000,000,000,000,000,000,000,000,000,000,000,000,000,000,000,000,000,000,000,000,000,000,000,000,000,000。

或者你也可以用较短的形式记下这个数字：3×10^{74}。

这里 10 右上角的数字 74 表示要写的零的个数，换句话说，3 必须被 10 乘以 74 次。

古人并不知道这种"简易"科学记数法，它在不到 2000 年前才由一位不知名的印度数学家所发明。在他的伟大发明之前——通常我们没有意识到，但这的确是一个伟大的发明——人们要用不同符号表示十进制数的每一位数，要记录这个位置上的具体数字，就要将相应的符号重复一定次数。例如，古埃及人写的数字"8732"是这样的：

而恺撒时代的文员则会写作：

---

① 在最大的望远镜所能观测到的范围内测量。

MMMMMMMMMDCCXXXII

后面的符号你一定很熟悉，现在罗马数字仍被用来表示一本书的卷数或章节，也会在华丽的纪念碑上标记历史事件的日期。然而，古代不需要那么多的数字，所以也不存在更高的数位标识符号，比如一个古罗马人，无论他在算术方面受过多么好的训练，如果要写"一百万"都会感到非常困难。他能做的最好的事情就是连续写出 1000 个 M，当然这需要花费很多时间（见图 1）。

对古人来说，非常大的数字，如天上的星星、海里的鱼或沙

图 1　一个打扮得像奥古斯都·恺撒的古罗马人，试图用罗马数字写下"一百万"，墙板上所有可用的空间甚至都不够写"十万"

滩上的沙粒，都是"无法计数的"，就像对霍屯都的人来说，"5"是无法计数的，只能简单的说成"很多"一样。

公元前3世纪，著名科学家阿基米德（Archimedes）证明了，书写真正大数字是可能的。阿基米德在他的论文《数沙者》（*The Psammites*）中说：

"有些人认为沙粒的数量是无限的；我所说的沙子不仅指存在于叙拉古和西西里岛或其他地方的沙子，而是指地球上所有地区的沙子，无论有人居住与否。还有一些人，虽然不认为这个数字是无限的，却认为没有一个数字可以大到超过地球上的沙粒数量。很明显，那些持有这种观点的人显然想象了一个巨大的沙堆，沙堆与地球质量相同，沙子不仅能填满所有海洋和空隙，还堆到了世界最高峰那么高。他们因此更加确信，如此累积的数字是足够大的，大到足以表示任何所需的数。但我将证明，用我的方法，不但能表示出占地球那么大空间的沙子数量，甚至还能表示出占整个宇宙空间的沙子数量。"

阿基米德在这部著作中还提出了书写非常大的数字的方法，他的办法与现代科学中大数的书写方法十分相似。阿基米德从古希腊算术中最大数字"万"开始，然后引进一个新的数字"万万"（亿）作为第二阶单位，"亿亿"是第三阶单位，"亿亿亿"是第四阶单位……

今天看来，这样书写大数可能还是太烦琐，需要用几页纸来表示一个数字，但是回到阿基米德的时代，找到书写大数的方法是一个伟大的发现，是数学的一个重要进步。

为了计算填充整个宇宙所需的沙粒数量，阿基米德必须知道宇宙有多大。那时，人们认为宇宙被一个水晶球所包围，所有星星就镶嵌在水晶球上，萨摩斯的著名天文学家阿利斯塔克斯（Aristarchus of Samos）估计地球到天球外围的距离为 10000000000 视距（stadia），即大约 1,000,000,000 英里。[①]

阿基米德将该球体的大小与一粒沙子的大小相比较，完成了一系列噩梦般的计算，最后得出结论：

显然，根据亚里士多德的估计，以恒星球为界那么大的空间里，所能容纳的沙粒数量不超过第八级单位的一千万倍。[②]

阿基米德估计的宇宙半径比现代科学家估计的数值要小得多，10 亿英里只是略微超过太阳到土星的距离。后面会看到，现在用望远镜对宇宙的探索已经达到了 5,000,000,000,000,000,000,000 英里的距离，因此，填满所有可见宇宙所需的沙粒数量将超过：

$$10^{100}（即 1 后面有 100 个零）$$

这当然比本章开头所说的宇宙中的原子总数 3×10^{74} 大得多，但不要忘记，宇宙中并没有挤满原子，事实上，平均每立方米的空间里只有大约一个原子。

不过，为了得到真正的大数字，完全没有必要做沙子填宇宙

① 希腊语的一个"视距"是 606 英尺零 6 英寸，即 188 米。（1 英里等于 1609.344 米）。

② 现在这个数应该是（10,000,000）× 第二阶单位（100,000,000）× 第三阶单位（100,000,000）× 第四阶单位（100,000,000）× 第五阶单位（100,000,000）× 第六阶单位（100,000,000）× 第七阶单位（100,000,000）× 第八阶单位（100,000,000），也可以简写为 10^{63}（即 1 后面 63 个零）。

这样傻的事情。事实上，大数字经常出现在乍看起来非常简单的问题中，初看这些问题的答案最多不过几千而已。

印度国王舍罕王（Shirham）就犯过这样的错，传说他想奖励大臣西萨·本·达希尔（Sissa Ben Dahir），本·达希尔发明了国际象棋游戏并将其进贡给国王。他的愿望似乎非常谦逊，"陛下，"他跪在国王面前说，"给我 1 粒麦子放在棋盘的第一格，第二格放 2 粒，第三格放 4 粒，第四格放 8 粒，往后每一个格子的数量都增加一倍，填满 64 个格子即可。"（见图 2）

"你要求的不多，我忠实的仆人！"国王暗自高兴地说道，国王庆幸这个神奇游戏的发明者没有索要金山银山，他说："你的要

图 2　训练有素的数学家西萨·本·达希尔大臣
向印度国王舍罕王索要奖赏

求当然会得到满足。"然后命令卫士把一袋麦子带到王座前。

开始计数时，第一格是 1 粒麦子，第二格是 2 粒麦子，第三格是 4 粒麦子，依此类推，在第二十个方格算完之前，袋子就被清空了。一袋又一袋麦子被卫士带到了国王面前，但接下来每一个方格所需的麦子数量急剧增加，显然，哪怕耗尽印度的麦子，国王也无法履行他对西萨·本·达希尔的承诺。要知道那可是 18,446,744,073,709,551,615 粒麦子！①

这个数字虽不像宇宙中的原子总数那么大，但总归是相当大的。假设 1 蒲式耳②小麦包含大约 500 万粒麦子，那么满足西萨·本·达希尔的需求大约需要 4 万亿蒲式耳。世界上的小麦产量平均每年约为 20 亿蒲式耳，因此西萨·本·达希尔要求的数量相当于全世界大约 2000 年的小麦产量！

舍罕王发现自己欠了好大一笔债，要么面对西萨·本·达希尔不断的讨债，要么砍掉他的头。我们怀疑他选择了后一种方式。

另一个大数字的故事也来自印度，与"世界末日"的问题有关。数学史学家鲍尔（W.W.R.Ball）为我们讲述了这个故事：③

在贝拿勒斯神庙象征世界中心的穹顶之下，放置着一块大铜板，铜板上竖直固定三根蜜蜂粗细的金刚石针，每根高 1 肘尺。

---

① 聪明的大臣所要求的麦粒数量可表示如下：

$1+2+2^2+2^3+2^4+\cdots+2^{62}+2^{63}$。

$$\frac{2^{63} \times 2-1}{2-1} = 2^{64}-1 = 18,446,744,073,709,551,615。$$

② 1 蒲式耳约合 35.2 升。

③ W.W.R. 鲍尔，《数学拾零》（*Mathematical Recreations and Essays*，The Macmillan Co.，New York，1939）。

创世之时，神将 64 个纯金圆盘放在其中一根针上，圆盘从下到上按照大小递减的方式排列，这就是梵塔。当值僧侣谨遵神谕，将圆盘从一根针上移到另一根针上，每次只能移动一个圆盘，移动过程中大圆盘只能在小圆盘下方。当 64 个圆盘全被移动到另一根针上时，伴随着一声霹雳，梵塔、寺庙以及众生将全部化为灰烬，整个世界也随之消失。

图 3 展示了故事中描述的场景，只不过显示的圆盘数量较少而已。你也可以用普通的纸板圆盘代替纯金圆盘，用长铁钉代替印度传说中的金刚石针，自己制作这个拼图玩具。不难发现，每增加一个圆盘，增加的移动次数等于前一圆盘移动次数的两倍。移动第一个圆盘只需一步，而后所需次数呈几何级数增加。所以，等到移动第 64 个圆盘时，移动次数与本·达希尔要的小麦其实一样多。[①]

将梵塔中所有的 64 个圆盘从一根针转移到另一根针上需要多长时间呢？假设僧侣们不分昼夜地工作，没有节假日，每秒移动一次。一年大约有 31,558,000 秒，所以完成这项工作需要将近 5800 亿年。

这是个关于宇宙持续时间的纯粹传说性预言，与现代科学的预测进行比较倒是很有意思。根据宇宙演化理论，恒星、太阳和

---

① 如果我们只有 7 个圆盘，所需的移动次数是：
$$1+2^1+2^2+2^3+\cdots=2^7-1=127。$$
如果有 64 个圆盘，所需的移动次数为：
$$2^{64}-1 = 18,446,744,073,709,551,615。$$
这与西萨·本·达希尔所要的小麦粒数相同。

图 3 一位僧侣在一座巨大的梵天雕像前研究"世界末日"问题
（这里显示的纯金圆盘数量小于 64 个，因为很难画出这么多）

包括地球在内的行星，都是在大约 30 亿年前由无固定形状的物质形成的。我们知道，恒星特别是太阳的"核燃料"可以再持续 100 亿到 150 亿年。（见第四部分 第十一章）。因此，宇宙的总寿命肯定不超过 200 亿年，而不会是像印度传说中估计的 5800 亿年那么长！当然这毕竟只是一个传说！

文学作品中提到的最大数字应该是著名的"印刷机行数问题"。假设有一台印刷机，可以一行又一行连续印刷，为每一行自动选择不同字母和其他排版符号。这样的机器由许多独立的圆盘组成，每个圆盘边缘都有字母和符号。圆盘之间像汽车里程表一样连接，每个圆盘旋转一圈就会使下一个圆盘向前转动一格。每次移动后，纸张会自动压到滚筒上。如图 4 所示，制造这种自动印刷机并不困难。

让我们打开机器，看看印刷机印出的一连串不同符号，大多数内容根本就没有意义。它们看起来像是这样的：

aaaaaaaaaaaa…

或者

boobooboobooboo…

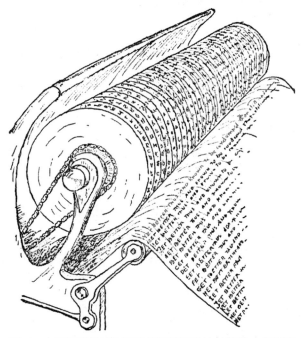

图 4　自动印刷机刚刚正确印刷出了莎士比亚的一行诗句

再或者

Zawkporpkossscilm…

但是由于机器打印了所有可能的字母和符号组合，我们也能在无意义的垃圾中发现一些貌似有某种含义的句子。当然，大多数还是没有什么用，如：

horse has six legs and…（马有 6 条腿，并且……）

或者

I like apples cooked in terpentin…（我喜欢吃松节油煎苹果……）

不过，仔细搜索，你也可以发现莎士比亚写的每一行诗，甚至是他曾经扔到废纸篓里的那些作品。

事实上，这样的自动印刷机可以印刷出从人们学会书写以来的所有文字：每一行散文和诗歌、每一卷厚重的科学论文、每一封情书、每一篇报纸上的社论和广告语、每一张给挤奶工的便条……

不仅如此，这台机器还能印出未来几个世纪才有的东西。在旋转滚筒的纸张上，我们会发现 30 世纪的诗歌、未来的科学发现、第 500 届美国国会的演讲稿以及 2344 年的星际交通事故报告。还会有几页从来没有人写过的短篇小说或长篇小说，要是出版商的地下室里有这么一台机器，他们只需要从大量的垃圾中选择和编辑好的作品就行了——反正他们现在做的事差不多也就是这样。

那为什么不能这样做呢？

好吧！让我们计算一下，为了呈现所有可能的字母和其他排版符号的组合，机器要打印多少行呢？

英语中有 26 个字母，10 个数字（0～9）和 14 个常用符号（空格、句号、逗号、冒号、分号、问号、感叹号、破折号、连字符、引号、撇号、小括号、中括号、大括号），加起来有 50 个符号。假设机器有 65 个圆盘，对应平均每行 65 个位置。印出的每一行中，第一个字符可以是 50 个字符中的任意一个，因此有 50 种可能性，第二个字符同样也有 50 种可能性，小计 $50 \times 50 = 2500$ 种可能性。对于前两个字符的每一种可能性，第三个字符仍有 50 种可能性，依此类推。总的来说，可能的排列数可以表示为

$$\overbrace{50 \times 50 \times 50 \times \cdots \times 50}^{\text{相乘 65 次}}$$

或 50^{65}，这等同于 10^{110}。

为了感受这个数字有多大，首先假设宇宙中的每个原子都代表一台独立的印刷机，因此我们有 3×10^{74} 台同时工作的印刷机。进一步假设所有这些机器都从宇宙诞生的那一刻开始持续工作，时至今日它们已经运转了 30 亿年或 10^{17} 秒，打印速度与原子振动速度相同，即每秒 10^{15} 行，到现在，它们打印的总行数约为

$$3 \times 10^{74} \times 10^{17} \times 10^{15} = 3 \times 10^{106}$$

而这只是总数量的约三千分之一而已。

是的，看起来要从这些自动印刷的材料中选出点有用的东西，着实要花很长的时间。

2. 如何数无穷数?

在上一节中,我们讨论了数字,其中许多是相当大的数字。
比如,西萨·本·达希尔所要的麦粒数量就是这样的数字,大得
几乎令人难以置信,但它们仍然是有限的,只要有足够的时间,
总可以写得完。

但是有一些真正无穷大的数字,它们比我们能写出的任何数
字都要大。比如,"所有数字的数量"显然就是无穷大的,"直线
上所有几何点的数量"也是无穷大的。除了知道无穷大,我们还
能如何描述这些数呢?例如,是否有可能比较两个不同的无穷数
的大小呢?

"所有数字的数量多?还是直线上所有点的数量多?"诸如此
类的问题是否真的有意义呢?乍看之下似乎很不可思议,著名数
学家格奥尔格·康托尔(Georg Cantor)首先考虑了这些问题,他
也被认为是"无穷数学"的奠基者。

如果我们想研究无穷数的大小,就会面临如何比较数字的
问题,面对无穷数,我们既不能读出来,也不能写下来,这种境
况或多或少类似于霍屯都人想知道宝箱里到底是珠子多还是铜币
多。你大概还记得,那些人甚至无法都数到 3 以上。那么,他是
否会因为无法数数而放开呢?完全不需要。如果足够聪明,他就
会逐个比较珠子和铜币。把一颗珠子放在一枚铜币旁边,另一颗
珠子放在另一枚铜币旁边,依此类推……如果珠子用完了,还有
一些铜币,他就知道铜币比珠子多;如果铜币用完了,还剩下一

些珠子，就知道珠子比铜币多；如果二者都用完了，就知道珠子和铜币的数量相同。

康托尔的"配对法"也是这样比较两个无穷数的：将两组无穷数中的每一个数配对，用一个无限集合的每个数字匹配另一个无限集合的每个数字，如果最后两个无限集合均不存在多余数字，则两个无穷数相等；如果其中一个集合中还剩下一些未配对的数字，则表示该集合的无穷数比另一个无穷数更大。

这显然是最合理的，事实上也是唯一可以比较无穷数大小的规则，当然真正用它时还是要有些心理准备，很多结果都可能让你大跌眼镜。以所有偶数和所有奇数这两个无穷大数列为例，当然，你能直观地感觉到，有多少个偶数就有多少个奇数，这与上述规则完全一致，一一对应关系如下所示。

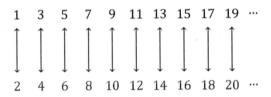

在这个表中，每个奇数都有一个偶数对应，反之亦然；因此，偶数的数目等于奇数的数目。看起来确实很简单！

但请稍等一下。你认为是所有整数的数量大还是只有偶数的数量大？你当然会说所有整数的数量更大，因为它包含所有的偶数和所有的奇数。但这只是你的直觉，为了得到准确的答案，必须使用上述规则来比较。你会惊讶地发现直觉是错误的。事实上，下面是所有整数和偶数的一一对应表。

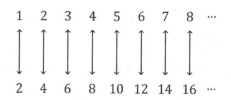

根据规则，偶数的数量与所有整数的数量是一样的，听起来有点自相矛盾，因为偶数只是所有整数的一部分，但必须记住，我们在这里探讨的是无穷数，必须做好遇到不同特性的准备。

事实上，在无穷数的世界里，部分可能等于整体！德国著名数学家大卫·希尔伯特（David Hilbert）讲的一个故事可能是最能说明这个问题的。据说，在他关于无穷数的演讲中，他曾用下面的话来讲述无穷数悖论。[①]

"让我们想象一个有有限数量房间的酒店，并假设所有的房间都有人。一个新的客人来了，要求入住。老板说：'对不起，所有的房间都被占用了。'现在让我们想象一个有无限多房间的酒店，所有的房间都有人。在这个旅馆里，也有一个新的客人来，想住一个房间。

"'当然可以！'老板说，他把以前住在 N1 房间的人搬到 N2 房间，把 N2 房间的人搬到 N3 房间，把 N3 房间的人搬到 N4 房间，等等。由于这些换位的结果，N1 空出来了，正好可以安排新的

---

① 这段文字从未出版过，甚至希尔伯特本人也未写成文字，但却广泛流传。本书摘自 R. 柯朗的《希尔伯特故事全集》（*The Complete Collection of Hilbert Stories*）。

顾客。

"让我们想象一下，一家酒店有无限多的房间，都被占用了，还有无限多的新客人进来，要求入住房间。

"'当然，先生们，'老板说，'请稍等一下。'

"他把 Nl 的住户移到 N2，把 N2 的住户移到 N4，把 N3 的住户移到 N6，依此类推。

"现在，所有奇数号的房间都变成了空的，无限多的新客人可以很容易地安置下来。"

当然，当时正值战时，即使在华盛顿也很难想象希尔伯特所描述的情况，但通过这个例子不难理解，无穷数和普通算术中所习惯的数字特性并不相同。

按照康托尔的"配对法"，我们可以证明，$\frac{3}{7}$ 或 $\frac{735}{8}$ 等所有分数的数量也等于整数的数量。事实上，可以按以下规则将所有普通分数排成一排。首先写出分子和分母之和等于 2 的分数；这样的分数只有一个，即 $\frac{1}{1}$；然后写出总和等于 3 的分数：$\frac{2}{1}$ 和 $\frac{1}{2}$；然后写出总和等于 4 的分数：$\frac{3}{1}$，$\frac{2}{2}$，$\frac{1}{3}$。依此类推，就得到一个无限的分数数列（见图5和图6）。在这个数列上面写上整数数列，就得到了无限分数和无限整数之间的一一对应关系，它们的数量是一样的！

分母＼分子	1	2	3	4	……
1	1/1 1	2/1 3	3/1 6	4/1 10	……
2	1/2 2	2/2 5	3/2 9	4/2 13	……
3	1/3 4	2/3 8	3/3 12	4/3 15	……
4	1/4 7	2/4 11	3/4 14	4/4 16	……
……	……	……	……	……	……

图 5 [①]　无限分数数列

"嗯，一切都很好，"你可能会说，"但这不就意味着所有的无穷数都相等吗？如果这样的话，比较它们又有什么意义呢？"

不，事实并非如此，可以很容易地找到比所有整数或所有分数的数量更大的无穷数。

事实上，回到前面一条线上点的数量和所有整数数量相比较的问题，就会发现这两个无穷数并不相等：一条线上的点比整数或分数数量多得多。为了证明这一点，我们尝试在一条线（比如说 1 英寸长）上的点和整数数列之间建立一一对应关系。

线上每一点都可以用它与一个端点的距离来表示，距离可以记作无限小数，如 0.7350624780056…或 0.38250375632…[②] 因此，问题变成了所有整数数量与所有可能的无限小数数量一样多吗？那么，这些无限小数与 $\frac{3}{7}$ 或 $\frac{8}{277}$ 之类的分数有什么区别呢？

---

① 原书中佚失了此图，图 5 是译者根据上下文加的。
② 所有这些小数都小于 1，因为我们假设这条线的长度为 1。

图6 一个非洲人和康托尔教授在比较计数能力

你肯定还记得数学课上讲的内容，每个分数都可以化作无限循环小数。

比如，$\frac{2}{3}=0.\dot{6}$，$\frac{3}{7}=0.\dot{4}2871\dot{1}$。上面证明过，所有分数数量与所有整数数量相同，因此所有循环小数数量也与所有整数数量相同。但是，直线上的点不一定都能用循环小数表示，甚至在大多数情况下要用不循环小数。显然一一对应的关系不复成立。

或许有人会说存在如下的一一对应关系：

$$N$$

1 0.38602563078…

2 0.57350762050…

3 0.99356753207…

4 0.25763200456…

5 0.00005320562…

6 0.99035638567…

7 0.55522730567…

8 0.05277365642…

当然，实际上我们无法写出所有无限小数的每一位，制表者只是为了表示小数也可以像分数一样与整数一一配对，具体办法是给每个小数一个整数编号，试图说明人们能想到的所有小数都有配对的编号。

但是不难证明，这种说法并不可靠，我们总可以写出不在这个表里的无限小数。如何做到这一点呢？只要写出的小数第一位不等于1号小数的第一位，第二位不等于2号小数的第2位，依此类推，得到的数字如下：

不是3 不是7 不是3 不是6 不是5 不是6 不是3 不是5 …

  0.5   2   7   4   0   7   1   2 …

无论你怎么找这个数字都不在表格中。事实上，如果表格的作者告诉你，这个数就在表格中的第137行（或任何其他行），你可以立即回答："不，这不是同一个数，因为我这个数的第137位小数和你那个数的第137位小数是不一样的。"

因此，一条线上的点和整数之间不可能建立一一对应关系，这意味着一条线上的点比整数或分数数量多得多。

　　我们一直在讨论"1英寸长"线上的点，其实不难证明，根据"无穷数学"的规则，点的数量与长度并无关系。事实上，1英寸、1英尺或1英里长的线上点的数量都是相等的。为了证明这一点，请看图6，为了比较不同长度的两条线 AB 和 AC 上点的数量，需要建立两条线上点之间的一一对应关系，我们通过 AB 上的每个点画平行于 BC 的线，并将交点一一配对，例如 D 和 D'，E 和 E'，F 和 F'，等等，AB 上的每一个点在 AC 上都有一个对应的点，反之亦然。因此，按照规则，这两条线上点的数量是相等的。

　　更令人震惊的是：平面上所有点的数量等于一条线上所有点的数量。为了证明这一点，我们取1英寸长的线段 AB 上的点和边长为1英寸的正方形 $CDEF$ 内的点（见图7和图8）。假设线上某一点的位置由某个数字给出的，比如0.75120386…从这个数字中选择偶数位和奇数位，然后把它们分别放在一起组成两个不同的数字，0.7108…和0.5236…。

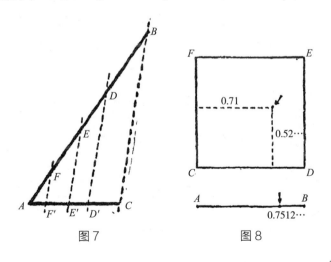

图7　　　　　　　　图8

用两个数字分别测量水平和垂直方向上的距离，得到的点即为线上点的"对应点"。反过来说，如果在正方形有一个点，它的位置由 0.4835… 和 0.9907… 确定，合并两个数字，即可得到线上"对应点"的位置为 0.49893057…。

很明显，两组点在这一过程中建立了一一对应关系。线段上的每个点在正方形内都有对应点，反之亦然，任何一个点都不会被遗漏。因此，根据康托尔的标准，正方形内所有点的数量等于线段上所有点的数量。

类似的方法也很容易证明，立方体内所有点的数量与正方形或直线上点的数量相等。只需将原来的十进制小数分成三部分[①]，用得到的三个新坐标来定义立方体内"对应点"的位置。而且，无论大小如何，正方形或立方体中点的数量都是相同的，这一点与直线别无二致。

虽然所有几何点的数量比所有整数和分数的数量大，但这并不是数学家所知最大的数。人们发现，所有可能曲线的种类，要比所有几何点的数量还要多，必须用更大的无穷序列来描述。

"无穷数学"的奠基者康托尔用希伯来字母 ℵ 表示无穷数，右下角的一个小数字则表示无穷数的等级。我们得到了这样一个数列（包括无穷数！）：

---

① 例如，从 0.735106822548312…
可以分割成：
0.71853…
0.30241…
0.56282…

$$1\quad 2\quad 3\quad 4\quad 5\quad \cdots\quad \aleph_1\quad \aleph_2\quad \aleph_3\quad \cdots$$

我们常说"世界上有七大洲"或"一副牌有 52 张",相应的现在也能说"一条线上有 $\aleph_1$ 个点"或者"曲线的样式有 $\aleph_2$ 种",如图 9 所示。

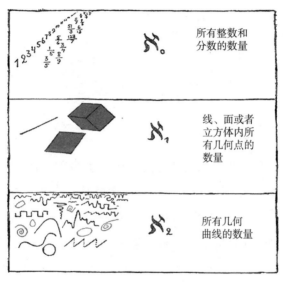

图 9　无穷数的前三级

总结一下关于无穷数的讨论,我们必须指出,随着等级变大无穷数增长的速度很快,很快就会超过任何可以想到的集合。$\aleph_0$ 代表所有整数的数量,$\aleph_1$ 代表所有几何点的数量,$\aleph_2$ 代表所有曲线的数量,至今还没有人能够设想出任何需要用 $\aleph_3$ 来描述的无穷数。似乎前三个无穷数已足以计算人们所能想到的任何东西,我们的处境与前面提到的霍屯都人正好相反,他有很多儿子,但却不能数出超过 3 个的数字!

第二章
自然数字与人造数字

1. 最纯粹的数学

通常，数学被人们特别是数学家认为是所有科学的皇后，作为皇后，她自然不愿和其他学科产生关系。为此，有人邀请大卫·希尔伯特在"理论数学和应用数学联合大会"上致开幕词，希望借此消除两种数学家之间的敌意，希尔伯特说：

"经常有人说，理论数学和应用数学互为仇雠。这是不对的，理论数学和应用数学并不互相敌视，两者从来没有相互敌视过，也永远不会互相敌视。事实上，它们之间毫无共同之处。"

尽管数学喜欢保持自身的纯粹性，刻意与其他学科保持距离，但是其他学科特别是物理学却很喜欢数学，并尽可能地与数学打成一片。时至今日，理论数学的几乎每一个分支都成了人们解释物理世界的工具，包括那些一度被认为没有任何应用价值的纯理论，如群论、非交换代数和非欧几何。

然而，到目前为止仍有一个庞大的数学分支，除了锻炼智力以外，一直还处于相当"无用"的状态，这便是最古老、最复杂，也堪称最纯粹的"数论"。

不过奇怪的是，尽管数论堪称最纯粹的数学，但从某个角度而言，它又是一门基于经验甚至实验的科学。事实上，数论的大多数命题均来自实践，人们尝试着用整数去做各种事情，然后得到一些结果，进而形成数论。这个过程与物理学别无二致，只不过物理学研究和实验的对象是物体，数论研究和实验的对象却是理论化的数字。自然而然的，也像物理学一样，数论的一些命题已经被"数学"所证明，而另外一些命题则还是纯经验性的，静待最杰出的数学家去挑战。就像在物理学中一样，其中一些命题已经被"数学"证明，而另一些命题仍然是纯经验性的，并且仍然在挑战着杰出数学家的大脑。

质数是指除了1和本身以外没有其他因数的大于1的自然数。

以"质数问题"为例。2、3、5、7、11、13、17等都是质数，而12则不是，因为12可以被分解为$2×2×3$。

质数的个数是不是无限的？还是存在最大的质数？凡是大于最大质数的数字是否均可以分解为已知质数的乘积？这个问题首先由欧几里得（Euclid）提出，他还简单而优雅地证明了，质数的数量是无限的，不存在"最大的质数"。

为了验证这个问题，我们先假设质数的数量是有限的，已知的最大质数用N表示。现在把所有已知质数相乘，然后加上1。结果如下：

$$(1×2×3×5×7×11×13×\cdots×N)+1$$

很明显，这个数字不能被任何一个质数（包括 N 在内）整除，因为它除以任何一个质数，都会得到余数 1。

因此，新的数字要么本身是一个质数要么可以被一个大于 N 的质数所整除，这两种情况都与最初的假设"N 是最大的质数"相矛盾。

刚才采用的证明方法是"归谬法"（reductio ad absurdum），它是数学家最喜欢的工具之一。

一旦我们知道质数的数量是无穷的，接下来的问题就是，是否有什么简单的方法表示所有的质数？古希腊哲学家和数学家埃拉托色尼（Eratosthenes）首先提出了"筛选法"。先剔除所有 2 的倍数，然后剔除剩余的 3 的倍数，再剔除 5 的倍数等。图 9 显示了埃拉托色尼对前 100 个数字的"筛选"过程，它总共包含 26 个质数。[①] 通过这种简单的"筛选法"，人们已经构建了高达 10 亿以内的质数表。

然而，如果能够设计出一个公式，快速、自动地找到所有质数，那就简单多了。尽管几个世纪以来一直在尝试，但数学家们仍然没有找到这样的公式。1640 年，著名的法国数学家皮埃尔·费马（Pierre Fermat）设计出了一个公式，他宣称符合该公式的数字都是质数。

他的公式是，$2^{2^n}+1$，其中 n 表示 1、2、3、4 等的连续数值。

使用这个公式，我们发现：

––––––––––––––––––

① 那时的质数还包括 1。——译者注

$$2^2 + 1 = 5$$

$$2^{2^2} + 1 = 17$$

$$2^{2^3} + 1 = 257$$

$$2^{2^4} + 1 = 65,537$$

$$2^{2^5} + 1 = 4,294,967,297$$

事实上，前几个数都是质数。但是，在费马宣布这个公式大约一个世纪后，德国数学家欧拉却发现，$2^{2^5}+1=4294967297$ 并不是一个质数，它实际上是 6,700,417 和 641 的乘积。因此，费马计算质数的经验公式被证明是错误的。

另一个产生质数的著名公式是：

$$n^2 - n + 41$$

其中 n 同样是自然数。事实证明，在 n 取 1 到 40 的情况下，上述公式的确只会产生质数，但不幸的是，它在取 41 时栽了跟头。

$$(41)^2 - 41 + 41 = 41^2 = 41 \times 41$$

这是一个平方，不是一个质数。

另外一个尝试寻找质数的公式是：

$$n^2 - 79n + 1601$$

当 n 取 1 到 79 时，结果确为质数，但在 $n=80$ 时又失败了！

因此，是否能够找到一个只产生质数的通用公式，仍然是个未解之谜。

另一个有趣的数论问题是所谓的"哥德巴赫猜想"（Goldbach conjecture），该猜想于 1742 年提出，哥德巴赫指出，每个偶数都可以表示为两个质数之和。你可以很容易地发现，在一些简单的例子中，这个命题是真的，比如 12=7+5，24=17+7，32=29+3。
但尽管数学家们在这一领域做了大量的工作，却依旧既未能证明
这一猜想，也无法给出一个反例。1931 年，苏联数学家施尼雷尔
曼（Schnirelman）成功迈出了建设性的第一步。他证明了每个偶
数可以表示为不超过 30 万个质数之和。后来，另一位苏联数学
家维诺格拉多夫（Vinogradoff）大大缩小了"30 万个质数之和"
与理想的"2 个质数之和"之间的距离，他证明了任何一个偶数
都可以表示为 4 个质数之和。但从维诺格拉多夫的"4 个质数"
到哥德巴赫的"2 个质数"似乎是最艰难的，没有人能够说清楚
还要多少年或者多少世纪才能证明这个命题。①

　　因此，我们似乎还远远没能推导出一个能自动产生所有质数
的公式，甚至不能保证是否真的存在一个这样的公式。

　　现在问一个更谦逊些的问题——在一个给定的数字区间内，
质数占所有整数的百分比有多大？随着数字的增大，这个百分
比是否保持大致不变？如果不是，它会增加还是减少？我们可
以通过计算表格中给出的质数来尝试回答这个问题。小于 100 的
质数有 26 个，小于 1000 的质数有 168 个，小于 100 万的质数有
78,498 个，而小于 10 亿的质数有 50,847,478 个。将这些数量除
以相应数字区间内整数的个数，我们得到以下表格。

---

① 1966 年，我国著名数学家陈景润成功证明陈氏定理，即任何一个充分大的
偶数都可以表示成一个质数加一个不超过两个质数的乘积之和。陈氏定理至今仍
是关于哥德巴赫猜想研究的最好结果。——译者注

范围 $1 \sim N$	质数个数	比例	$\dfrac{1}{\ln N}$	偏差（%）
$1 \sim 100$	26	0.260	0.217	20
$1 \sim 1000$	168	0.168	0.145	16
$1 \sim 10^8$	78,498	0.078,498	0.072,382	8
$1 \sim 10^9$	50,847,478	0.050,847,478	0.048,254,942	5

这个表格表明，随着区间内整数数量的增加，质数的相对数量逐渐减少，但不存在终止点。

那么有没有什么简单的方法，可以在数学上表示质数的递减比例关系呢？有的，关于质数的平均分布规律是整个数学中最了不起的发现之一。简单地说，从 1 到任何大于 1 的数字 N 的区间内，质数的百分比大约等于 N 的自然对数的倒数——$\dfrac{1}{\ln N}$。

在表格中，你会发现第四栏是 N 的自然对数的倒数。将其与前栏的数值相比较，二者高度接近，且 N 越大，一致性越好。

如同数论中的许多其他命题一样，上面给出的质数定理最初也是根据经验发现的，而且在很长一段时间内都没有得到严格的数学证明。直到 19 世纪末，法国数学家阿达马（Hadamard）和比利时人德拉瓦莱·普森（de la Vallee Poussin）才通过一种复杂又难以理解的方法成功证明了这一定理。

说到整数，就必须提到著名的费马大定理，这一定理可以追溯到古埃及，当时每一个好木匠都知道，一个三边比例为 3：4：5 的三角形必定包括一个直角。事实上，古埃及人正是把这样的三角形（现在称为埃及三角形）作为木匠的三角尺。[①]

在公元 3 世纪，亚历山大的丢番图（Diophantes of Alexandria）开始怀疑除了 3 和 4 之外，是否有其他两个整数的平方之和等于第三个整数的平方。他的确找到了性质和"3、4、5"完全相同的其他数字组合（事实上，这样的组合有无穷多个），并给出了寻找这类组合的通用规则。这种三条边都是整数的直角三角形现在被称为毕达哥拉斯三角形，埃及三角形是其中的第一个。构建毕达哥拉斯三角形的问题，可以简单地表述为一个代数方程，

$$x^2+y^2=z^2$$

其中 x、y 和 z 必须是整数。[②]

1621 年，费马在巴黎买了一本法语新译版的丢番图《算术》，其中讨论了毕达哥拉斯三角形。当读到此处时，费马在空白处做了一个简短的注解，大意是：虽然方程 $x^2+y^2=z^2$ 有无限多组整数解，但对于 $x^n+y^n=z^n$ 这样的方程，如果 n 大于 2，那么该方程没有任何整数解。

---

① 在初级几何课中，毕达哥拉斯定理证明了 $3^2+4^2=5^2$。
② 使用丢番图的一般原理（取任何两个数字 a 和 b，使 $2ab$ 是完全平方，然后取 $x=a+\sqrt{2ab}$，$y=b+\sqrt{2ab}$，$z=a+b+\sqrt{2ab}$，这很容易通过代数法验证），我们可以构建各种可能性，最前面的几个例子是这样的：

$$3^2+4^2=5^2 （埃及三角形），$$
$$5^2+12^2=13^2,$$
$$6^2+8^2=10^2,$$
$$7^2+24^2=25^2,$$
$$8^2+15^2=17^2,$$
$$9^2+40^2=41^2,$$
$$10^2+24^2=26^2。$$

“我已经想到了一个巧妙的证明方法，”费马补充说，“然而，书的空白处太窄了，实在写不下了。”

费马去世后，人们在他的藏书室里发现了丢番图的著作，书边的注释内容也被世人所知晓。那之后的 3 个世纪里，各国最好的数学家都试图重现费马注释时想到的证明方法。值得肯定的是，人们已经取得了相当大的进展，而且在试图证明费马大定理的过程中，数学家们创建了一个全新的数学分支，即所谓的“理想数论”（Ideals theory）。欧拉证明了方程 $x^3+y^3=z^3$ 和 $x^4+y^4=z^4$ 不可能有整数解，狄利克雷（L. Dirichlet）又证明了方程 $x^5+y^5=z^5$ 没有整数解，通过几位数学家的共同努力，现在已经证明当 n 的值小于 269 时，费马方程都没有整数解。甚至有人为这个问题的解决悬赏 10 万德国马克，之后各方人士更是趋之若鹜，当然，财迷的业余爱好者都没有取得任何成果。然而，至今还没有一个适用于任何指数 n 值的一般证明，而且人们一度越来越怀疑费马本人要么没有任何证明，要么在证明中犯了错误。①

2. 神秘的虚数

接下来让我们做点小小的高级算术。2 乘以 2 等于 4，3 乘以 3 等于 9，4 乘以 4 等于 16，5 乘以 5 等于 25。因此，4 的算术平方根是 2，9 的算术平方根是 3，16 的算术平方根是 4，25 的算

---

① 直到 1994 年，英国数学家安德鲁·怀尔斯（Andrew Wiles）才证明了费马大定理。——译者注

术平方根是 5。

但是一个负数的平方根是多少？像 $\sqrt{-5}$ 和 $\sqrt{-1}$ 这样的表达式有什么意义吗？

如果试图以理性的方式来计算它，你会觉得上述表达式根本没有意义。引用 12 世纪数学家婆罗门·婆什迦罗的话说："正数的平方，以及负数的平方，都是正数。因此，正数的平方根是双重的，可正可负。负数没有平方根，因为任何数的平方都不等于负数。"

但是数学家都是偏执狂，当一些看起来毫无意义的东西不断出现在公式中时，他们会尽最大的努力去解释它的意义。负数的平方根就确实在各种地方不断出现，无论是在过去数学家的简单算术问题中，还是在 20 世纪相对论框架下的时空统一问题中，都有它的身影。

最早将含有无意义负数平方根的公式写在纸上的勇士，是 16 世纪意大利数学家卡尔达诺（G. Cardano），在讨论是否可以将"数字 10 分成两部分，使两者的乘积为 40"时，他表示："尽管它现在好像没有合理的解，但如果可以接受两个目前不存在的表达式 $5+\sqrt{-15}$ 和 $5-\sqrt{-15}$，它们就是这个问题的解。"[1]

卡尔达诺在写上述表达式时，认为这个东西是想象的、虚构的、无意义的，但他仍然保留了这个表达式。

----

[1] 证明如下：
$(5+\sqrt{-15})+(5-\sqrt{-15})=5+5=10$，且 $(5+\sqrt{-15})(5-\sqrt{-15})=(5\times5)-(-15)=25+15=40$。

如果人们敢于写出负数的平方根，哪怕只是"虚数"（imaginary numbers），那么将数字 10 分成两部分的问题就可以迎刃而解了。一旦坚冰被打破，负数的平方根就会被不同的数学家越来越频繁地使用，卡尔达诺也称之为虚数，当然，使用者总会有所保留，也会找各种各样的借口。德国著名数学家欧拉于 1770 年出版的代数学著作中，就有大量虚数的应用，他写道："所有像 $\sqrt{-1}$、$\sqrt{-2}$ 这样的表达式都是不可能的，因为它们代表了负数的平方根，对于这样的数字，我们可以断言，它们既不是零，也不比零大，也不比零小，这些性质决定了它们是虚构的，不存在的。"

但是，无论如何，虚数很快就像分数或根号一样成为数学中不可或缺的东西，如果不使用它们，人们简直寸步难行。

虚数可以说是普通数或实数的虚构镜像，而且，就像从基本数 1 开始可以产生所有实数一样，人们也可以从基本的虚数单位 $\sqrt{-1}$ 开始生成所有的虚数，用符号 i 来表示。

不难看出，$\sqrt{-9} = \sqrt{9} \times \sqrt{-1} = 3i$；$\sqrt{-7} = \sqrt{7} \times \sqrt{-1} = 2.646\cdots i$，依此类推。因此，每个实数都有一个对应的虚数。我们也可以把实数和虚数结合起来，做成单一的表达式，如 $5 + \sqrt{-15} = 5 + \sqrt{15}\, i$，这种复合形式最早由卡尔达诺发明，通常也被称为复数。

在进入数学领域后的两个多世纪里，虚数一直被一层神秘的面纱所笼罩，直到被两位业余数学家赋予了简单的几何学解释：一位是挪威的测绘员韦塞尔（Wessel），另一位是巴黎的会计师罗伯特·阿尔冈（Robert Argand）。

根据他们的解释，一个复数，例如 $3 + 4i$，可以表示为图 10

中的形式，其中 3 对应于水平方向距离，4 对应于垂直方向距离。

事实上，所有实数都可以表示为横轴上的点，而所有纯虚数则可以表示为纵轴上的点。用代表横轴上一个点的实数乘以虚数单位 i，所得结果为纯虚数，其位置必然在纵轴上。如，$3 \times i = 3i$，3 在横轴上，$3i$ 在纵轴上。因此，与 i 相乘在几何学上相当于逆时针旋转 90°（见图 10）。

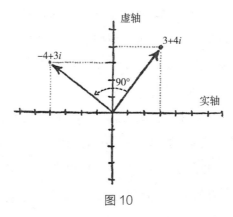

图 10

现在，把 $3i$ 再乘以 i，相当于把 $3i$ 再逆时针旋转 90 度，这样得到的点就会再次回到横轴上，只不过位于负轴上。也就是说，$3i \times i = 3i^2 = -3$，或者，$i^2 = -1$。

"i 的平方等于 -1"听起来明显比"逆时针旋转两次 90°，你会朝向相反的方向"更容易理解。

当然，同样的规则也适用于复数。用 $3+4i$ 乘以 i，我们得到：

$$（3+4i）\times i = 3i + 4i^2 = 3i - 4 = -4 + 3i$$

从图 10 中可以看到，点 $-4+3i$ 相对于点 $3+4i$ 绕原点逆时针旋转了 90°。同样的，乘以 $-i$ 只不过是绕原点顺时针旋转 90°。

如果你仍然觉得虚数有些神秘，不妨通过一个简单的问题来理解它的实际应用。

有一个富有冒险精神的年轻人在曾祖父的文件中发现了一张羊皮纸，文字中隐含了一个宝藏的位置，图上写道：

"航行到北纬____度和西经____度，[1]你会发现一个荒岛。在岛的北岸，有一片没有围栏的草地，那里有一棵孤独的橡树和一棵孤独的松树。[2]你会看到一个古老的绞刑架，我们常常在上面吊死叛徒。从绞刑架出发，记住走到橡树下的步数，向右转90°，再走同样的步数，在这里把一根桩子插入地面。然后返回绞刑架，记录所走的步数，用同样的步数走到松树下，向左转过90°，再走同样的步数，把另一根桩子插入地面，宝藏就在两个桩子的中间。"

指示相当清晰、明确，所以年轻人租了一艘船，即刻驶向南洋。他找到了岛屿、田地、橡树和松树，但令他遗憾的是，绞刑架不见了。文件问世以来，时间已经过了很久；雨水、阳光和风已经使得绞刑架腐化入土，没有留下它曾经存在的任何痕迹。

我们这位富有冒险精神的年轻人陷入了绝望，然后愤怒地开始在田野上随意挖掘，但所有的努力都是徒劳的，这个岛太大了！所以他空手而归，而宝藏可能还在那里。

---

① 文件中给出了经度和纬度的实际数字，但为了不泄露秘密，本文中省略了这些数字。
② 树木的名称也被改变了，原因同上。显然，在热带宝岛上还会有其他品种的树木。

　　这是一个悲哀的故事，但更悲哀的是，如果这个家伙知道一点数学知识，特别是知道如何使用虚数，他可能已经得到宝藏了。尽管为时已晚，但还是让我们看看能否为他找到宝藏。

　　把这个岛看作是一个复数平面，画一条轴（实轴）穿过两棵树，另一条轴（虚轴）与第一条轴垂直，穿过两棵树的中点（见图 11）。以两棵树之间距离的一半作为长度单位，可以说橡树位于实轴上的 –1 点，而松树位于 +1 点。我们不知道绞刑架在哪里，不妨用希腊字母 Γ 来表示它的假设位置，因为 Γ 看起来正像个绞刑架。由于绞刑架不一定在两个轴上，所以 Γ 必须被看作是一个复数，$\Gamma=a+bi$，其中 a（实部）和 b（虚部）的含义见图 11。

图 11　用虚数寻宝

接下来用上面的虚数乘法做一些简单的计算。如果绞刑架在 Γ 处，橡树在 –1 处，它们之间的距离可以用 $(-1) - \Gamma = -(1+\Gamma)$ 来表示。同样，绞刑架和松树之间的距离是 $1-\Gamma$。向右转 90° 走同样的距离和向左转 90° 走同样的距离则分别对应乘以 $-i$ 和乘以 i。于是我们就找到了两根桩子的位置：

第一根桩子：$(-i)[-(1+\Gamma)]+1 = i(\Gamma+1)-1$

第二根桩子：$(+i)(1-\Gamma)-1 = i(1-\Gamma)+1$

宝藏在两根桩子中间，也就是等上述两个复数之和的一半：

$$\frac{1}{2}[i(\Gamma+1)+1+i(1-\Gamma)-1] = \frac{1}{2}[i\Gamma+i+1+i-i\Gamma-1] = \frac{1}{2}(2i) = i$$

计算结果显示，不管绞刑架在哪里，宝藏都必然位于 i 点。

因此，如果我们这位富有冒险精神的年轻人能够完成上述简单的数学运算，他就不需要挖掘整个岛屿，只要在图 11 中打叉的位置即可挖到宝藏。

是的，找到宝藏绝对没有必要知道绞刑架的位置，如果你仍不相信，请在一张纸上标出两棵树的位置，按照羊皮纸上的指示，为绞刑架假设几个不同的位置，你就会发现计算出宝藏埋藏点总是相同的，正是对应于复平面上数字 i 的那个点！

使用 –1 假想的平方根，人们还发现了另一个隐藏的宝藏，那是一个惊人的发现：普通的三维空间和时间，居然可以结合成一个由四维几何学规则支配的四维坐标体系。接下来介绍爱因斯坦的思想和他的相对论时，我们会详细讨论这一问题。

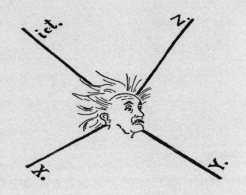

第二部分
空间、时间和爱因斯坦
Part 2　Space, Time & Einstein

第三章
空间的奇异特性

────────────

1. 维度与坐标

    我们都知道什么是"空间",可如果要准确定义这个词的含义,你会发现好像并无法回答。我们也许应该说,空间是环绕着我们的东西,通过它可以向前或向后、向右或向左、向上或向下移动。三个独立且相互垂直的方向代表了我们所处的物理空间的最基本属性之一,空间中的任何位置都可以通过这三个方向来表示,空间是三维的。

    如果我们来到一个陌生的城市,在酒店前台询问如何找到某家知名公司的办公室时,店员可能会说:"向南走 5 个街区,向右走两个街区,然后上到 7 楼。"刚刚给出的三个数字通常被称为坐标值,指的是街区、建筑楼层和起点酒店大堂之间的关系。很明显,通过使用坐标系,能够准确表达出发点和目的地之间的关系,而且只要我们知道新坐标系相对于旧坐标系的相对位置,新坐标完全可以通过旧坐标来表达,这个过程被称为坐标转换。另外，并不是所有的三维坐标都要用代表一定距离的数字来表示，在某些情况下，使用角坐标可能更为方便。

例如，纽约市的地址自然可以由街道和大道代表的直角坐标系统来表示，但莫斯科的地址系统肯定使用极坐标更便利，因为这座古老的城市围绕着克里姆林宫的中心城堡而发展，有着径向分叉的街道和几个同心圆一样的林荫道，因此，一说位于克里姆林宫宫墙西北方向 20 个街区的房子，所有人都明白那是哪里。

我们在图 12 中给了几个例子，从中可以看到用不同方法表达空间中某个点的三个坐标，其中有的坐标代表距离，有的坐标代表角度。但无论选择什么坐标系，总是需要三个数，因为我们要处理的是一个三维空间。

尽管以我们的三维空间概念很难想象超过三维的超级空间（后面我们将看到，这种空间的确存在），但可以设想一个少于三维的子空间。比如一个平面，一个球体的表面，或者任何其他的表面都是一个二维的子空间，因为表面上一个点的位置总是可

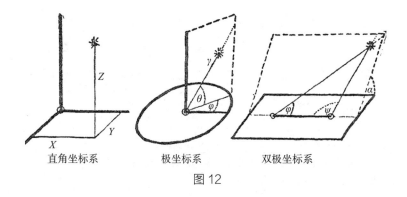

直角坐标系　　极坐标系　　双极坐标系

图 12

以由两个数字来描述。同样，一条直线或曲线是一个一维的子空间，只需要一个数字来描述位置。我们也可以说点是一个零维的子空间，因为一个点内不可能包含两个不同的位置，但谁又会对点感兴趣呢！

作为三维生物，我们发现理解线和面的几何特性，要比理解三维空间的类似特性容易得多，因为我们可以"从外面观察"线和面。这也解释了为什么尽管你能够理解弯曲的线或弯曲的面是什么意思，却可能对弯曲的三维空间感到诧异，因为我们自己就是三维空间的一部分。

只要稍加练习，并理解"曲率"一词的真正含义，你就会发现弯曲的三维空间概念其实也非常简单。而且我们希望在下一章结束时，你甚至能够轻松地谈论弯曲的四维空间。在讨论这个问题之前，让我们先做一些脑力体操，学习一下普通三维空间、二维曲面和一维曲线的特性。

2. 无须度量的几何学

学生时代我们都学过几何学，也就是空间度量的科学，[①]包括大量关于各种距离和角度关系的定理，著名的毕达哥拉斯定理[②]说的就是直角三角形三条边之间的关系，但事实上，空间的许多最基本特性并不需要任何长度或角度的测量，与这些问题有关的几何

---

① 几何学的名称来自两个希腊词 ge（地球或地面）metrein（测量）。显然，在这个词形成的时候，古希腊人对这个主题的兴趣主要是自己的房产。
② 即勾股定理。——译者注

学分支被称为拓扑学①，是数学分支中最具有挑战性的部分之一。

举一个典型的拓扑学例子，让我们考虑一个封闭的几何表面，比如说一个球体表面被线条分为许多独立的区域。要画出这样一个图形，可以通过在球面上定位任意数量的点，然后用不相交的线把点连接起来。原始点的数量、相邻区域边界线的数量和区域本身的数量之间存在什么关系呢？

首先，如果把正球体换成南瓜那样的扁球体，或者换成黄瓜那样的长球体，你会发现，点、线、面的数量都没有改变。这就像一个橡胶气球，事实上你可以对它做任何事情，拉伸、挤压……只要不割开气球本身或者把它撕碎，所得任何形状的封闭曲面都不影响问题本身的表述，也不会改变问题的答案。这一事实与描述长度、面积、体积等的测量几何学形成了鲜明的对比。当然，变形的过程不能改变维数，如果把一个立方体拉成平行四边形，再或者把一个球体压成薄饼，点、线、面的数量和关系可就会有实质性的变化了。

接下来，把标记好的球体上每个区域压平、每条线拉直，球体就变成了一个多面体（见图13），原来的点则变成了多面体的顶点。

也就是说，前面的问题可以重新表述为：任意类型的多面体中顶点、边和面的数量之间存在什么关系？

在图14中，我们展示了五个正多面体和一个仅凭想象绘制的

---

① 这个词在拉丁文和希腊文中是定位研究的意思，拓扑学也称为相位几何。

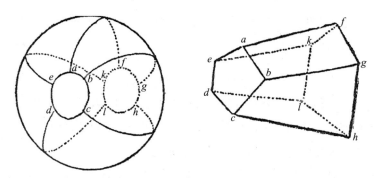

图 13　一个划分成多个区域的球体转变为一个多面体

不规则多面体，其中正多面体指所有面的边数和顶点数都相同的
多面体。

　　在这些几何体中，我们可以计算顶点的数量、边的数量和面
的数量。如果这三个数之间有固定关系的话，那是什么呢？

　　通过直接计数，我们得到图 14 下方的表格。

　　起初，前面三栏（V、E 和 F）中的数字似乎没有什么明显的
相关性，但稍作研究后就会发现，V 和 F 栏中的数字之和总是比
E 栏中的数字多出 2。因此，我们可以写出如下数学关系：

$$V+F=E+2$$

　　那么，这种关系是只对图 14 所示的五个特定多面体成立，
还是对任何多面体都成立？如果你尝试画几个不同于图 14 所示
的多面体，并计算它们的顶点、边和面，你会发现上述关系始终
都是成立的。显然，$V+F=E+2$ 是一个具有拓扑学性质的一般性数
学定理，因为这种关系的表达并不取决于边的长度或面的大小，
只涉及不同几何单位（即顶点、边、面）的数量。

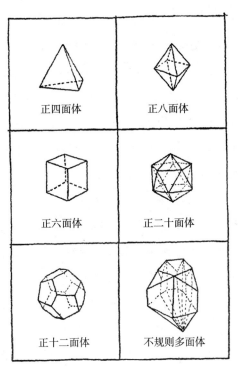

正四面体 　　　正八面体

正六面体 　　　正二十面体

正十二面体 　　不规则多面体

图 14 五个正多面体（只有五种）和一个不规则的多面体

名称	顶点数 V	边数 E	面数 F	$V+F$	$E+2$
四面体（金字塔）	4	6	4	8	8
六面体（立方体）	8	12	6	14	14
八面体	6	12	8	14	14
二十面体	12	30	20	32	32
十二面体	20	30	12	32	32
不规则多面体	21	45	26	47	47

这种关系最早由 17 世纪著名的法国数学家勒内·笛卡儿（René Descartes）发现，其严格的证明则由另一位天才数学家欧拉稍后给出，因此这一关系也被称为多面体欧拉定理。

下面是欧拉定理的完整证明，引自 R. 柯朗（R.Courant）和 H. 罗宾（H.Bobbins）《什么是数学？》。[①]

为了证明欧拉公式，想象给定的简单多面体是空心的，其表面由薄橡胶制成（见图 15a）。然后，如果我们切掉空心多面体的一个面，就可以将剩余的表面全部展开到一个平面上（见图 15b）。当然，在这个过程中，多面体面的面积和边之间的角度将被改变，但平面上的顶点和边形成的网络将包含与原多面体相同数量的顶点和边，而面的数量将比原多面体少一个，因为有一个面被移除了。对于平面网络，$V-E+F=1$，因此，如果加上被移除的面，结果就是 $V-E+F=2$。

首先，我们对平面网络进行"三角化"处理。在网络的某个多边形中，如果它还不是一个三角形，我们就画一条对角线。这样做的效果是将 V 和 F 都增加 1，$V-E+F$ 不变。现在我们继续画对角线，连接成对的点，直到图形完全由三角形组成（见图 15c）。在三角形网络中，$V-E+F$ 的值依然不变。

一些三角形的边在网络的边界上。在这些三角形中，有些只有一条边在边界上，如△ABC，而其他三角形可能有两条边在边界上。我们取任何一个边界三角形，去掉其中不属于其他三角形

---

① 感谢柯朗和罗宾博士以及牛津大学出版社允许转载下面这段话，对拓扑学问题感兴趣的读者，可以在《什么是数学？》中找到更详细的处理方法。

的部分（见图 15d），从 △ABC 中去掉边 AC 和面 ABC，留下顶点 A、B、C 和两条边 AB 和 BC；而从 △DEF 中去掉面、两条边 DF 和 FE，以及顶点 F。

在 △ABC 式的去法中，E 和 F 都减少 1，而 V 不受影响，所以 V−E+F 保持不变。在 △DEF 式的去法中，V 减少 1，E 减少 2，F 减少 1，所以 V−E+F 还是保持不变。通过适当选择这些操作的顺序，我们可以去除边界上有边的所有三角形（每次去除都不会改变 V−E+F 的值），直到最后只剩下一个三角形，它有三条边、三个顶点和一个面。对于这个简单的网络，V−E+F=3−3+1=1。但我们已经看到，通过不断去除三角形，V−E+F 并没有被改变。因此，在原始的平面网络中，V−E+F 也必须等于 1，也就是说，对于缺少一个面的多面体来说，V−E+F 也等于 1。那么，对于完

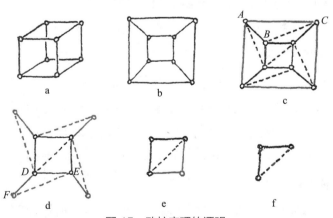

图 15 欧拉定理的证明

该图是专门为长方体绘制的，同样适合于其他多面体，结果一样。

整的多面体，$V-E+F=2$。这样就完成了欧拉公式的证明。

欧拉公式还一个有趣的结果，那就是它证明了正多面体只可能有五种，也就是图 14 中的那五个图形。

然而，仔细阅读前面几页的讨论，你会注意到，在绘制"各种不同类型"的多面体和证明欧拉定理的过程中，我们做了一个隐藏的假设，导致实际选择受到了一定的限制。我们只限于那些可以没有任何孔洞的多面体，这里孔洞指的不是像橡胶气球上撕开的洞，而是像甜甜圈上或橡胶轮胎上的封闭空洞。

看一下图 16，你就会明白这种情况，图中有两个不同的几何体，和图 14 一样，它们都是多面体。

现在让我们看看欧拉定理是否依旧适用于新的多面体。

对于左边的图形，总共有 16 个顶点、32 条边和 16 个面，因此 $V+F=32$，而 $E+2=34$。右边的图形则有 28 个顶点、60 条边和 30 个面，因此 $V+F=58$，而 $E+2=62$。又错了！

为什么会这样？上面给出的欧拉定理的一般证明为什么不适用于这些情况呢？

问题在于，我们上面考虑的所有多面体都是类似足球内胆或者气球的形状，而新的空心多面体则更像轮胎或更复杂的橡胶工业产品。对于像后者这样的多面体，上面给出的数学证明并不满足先决条件——"如果切掉空心多面体的一个面，就可以将剩余的表面全部展开到一个平面上。"

如果你拿一个足球内胆，用剪刀剪掉它表面的一部分，就能满足这个条件要求，但用轮胎无论你如何努力也无法做到这一

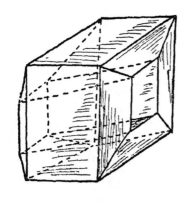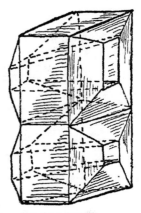

图 16　两个普通立方体，分别有一个和两个孔穿过

这些面并不都是规则矩形，但如前所述，这在拓扑学中并不重要。

点。如果看一下图 16 还不能说服你，那就找一个旧轮胎试试吧！

　　当然，也不要认为，更复杂的多面体 V、E 和 F 之间没有关系，关系是有的，只是与前面不同而已。对于甜甜圈形状的多面体，或者更科学地讲应该叫环形多面体，我们有 $V+F=E$；而对于"椒盐卷饼"，我们有 $V+F=E-2$。更一般地说，$V+F=E+2-2N$，其中 N 代表多面体上孔的数量。

　　还有一个典型拓扑学问题也与欧拉定理密切相关，那就是"四色问题"。假设一个球面被分为若干独立区域，要求给这些区域着色，相邻两个区域（即有共同边界的区域）颜色不得相同。对于这样的任务，最少要用几种不同的颜色？很明显，只有两种颜色是不够的，因为当三条边界交于一点时（例如，美国地图上的弗吉尼亚州、西弗吉尼亚州和马里兰州的边界，见图 17），就需要为三个区域分别涂上不同的颜色。

要找到需要四种颜色的例子也不难（见图 17）。图 17 是德国吞并奥地利期间的瑞士地图。[①]

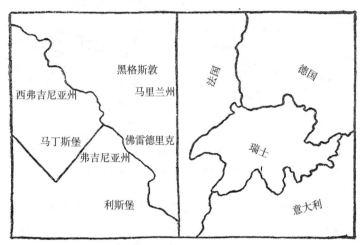

图 17　马里兰州、弗吉尼亚州和西弗吉尼亚州的地图（左侧）和瑞士、法国、德国和意大利的地图（右侧）

但无论怎么试，不论是在球面还是平面上，我们都无法构建需要四种以上颜色的地图。似乎不管把地图画得多么复杂，[②]四种颜色都足以区分所有的边界。

好吧，如果这个结论是真的，人们应该能够用数学来证明它，但实际上，尽管几代数学家不懈努力，但至今仍没有人能证

---

① 在吞并之前，三种颜色就足够了。瑞士：绿色；法国和奥地利：红色；德国和意大利：黄色。

② 从着色问题的角度来看，平面地图的情况和球面地图的情况是一样的，因为在球面上解决了这个问题后，我们总可以在一个或多个着色区域中开一个小洞，然后把整个球面"摊开"到一个平面上，这是个典型的拓扑变换。

明这一结论。这是一个典型无人怀疑但也无人能证明的数学问题。人们只能证明五种颜色肯定够用，证明方法是将欧拉公式应用于国家数量、边界线数量以及多国交界处三重、四重等交点的数量。

证明过程相当复杂，也不是要讨论的主题，这里我们不作展示。有兴趣的读者可以在各种拓扑学书籍中找到它，祝你有个愉快的夜晚（也可能是一个不眠之夜）。如果不信，你也可以试着画一张需要五种颜色才能区分相邻区域的地图。加油！不论是能证明"四色问题"，还是能画出"五色地图"，都足够你彪炳史册了！①

有趣的是，对于地球仪或平面来说，着色问题很难解决，但对于像甜甜圈或椒盐卷饼等更复杂的表面，却可以用相对简单的方法予以解决。数学家们已经证明，七种不同的颜色足以给甜甜圈任何可能的形状组合着色，并且也已经给出了实际上需要七种颜色的例子。

为了解决这一头痛的问题，读者可以尝试用一个充气的轮胎和七种不同的颜料，在轮胎的表面上涂色，使每一个给定区域与其他相邻六个区域颜色不同。完成之后，你就可以说真的知道在甜甜圈上涂色的方法了。

3. 空间翻转

到目前为止，我们讨论的都是二维空间的拓扑特性，但很明

①　"四色问题"最终在 20 世纪 70 年代被计算机所证明。——译者注

显，类似的问题在我们生活的三维空间里同样存在。三维空间中的地图着色问题可以概括表述如下：用许多不同形状、不同材料的碎片建造一个"空间马赛克"，任意两块碎片公共面颜色不得相同，总计需要多少种不同的材料？

那么什么样的三维空间对应二维球面呢？对应二维环状面的三维空间又是什么样子呢？彼此之间又是什么关系呢？事实上，我们可以很容易地想象不同类型的二维面，却更倾向于认为三维空间只有每日生活于其中的这一种。其实如果稍微发挥一下想象力，我们也可以想到与欧几里得几何学不一样的三维空间。

想象这种奇特空间的困难主要在于，作为三维生物，我们能"从外面"观察各种奇特的表面，却只能"从内部"观察空间。不过，通过一些脑力训练，我们也能观察一些奇特的空间。

首先建立一个类似于球面的三维空间模型，二维球面的主要特性是：有一个有限的面积，却没有边界；是弯曲且自我闭合的。那么能否想象一个同样有限无界的三维空间呢？

假设有两个这样的球体，每个球体都被球面所限制，就像被果皮包起来的苹果。两个球体被"彼此穿过"，沿着外表面连接起来。当然，这并不是说人们可以把两个苹果一样的物体彼此挤压使它们的表皮紧紧重叠在一起。

这里的意思是：想象一个被虫蛀掉的苹果，里面有黑、白两种蛀虫个一条，彼此互为天敌、永不相见，也就是说，尽管两条虫子从果皮上紧挨的两点蛀了进去，但苹果内部的两个蛀洞之间却没有任何交集。最后的结果如图 18 所示，黑、白两个蛀洞密密麻麻地掏空了整个苹果，很多地方近于毫厘，但要想互通还是必须先回到表面。再然后，想象这些蛀洞很小很小很小，数量却越来越多，最后就在苹果内部形成了两个相互交错的独立空间，两个空间也仅仅能在苹果表面彼此相连。

如果不喜欢虫子，你也可以想象是在一个巨大的球形建筑里，人们修了两套封闭交错的阶梯和过道。每套阶梯过道分别盘绕在球体的整个空间里，但要从第一个系统内的某个点去往第二个系统内相邻的点，你必须先回到球体表面，也就是两个系统共同的表面上，然后沿另一条路穿过去。两个球形建筑彼此交错但互不相干，你的某位好朋友可能与你近在咫尺，但想要见面握手，你俩只能绕一大圈！

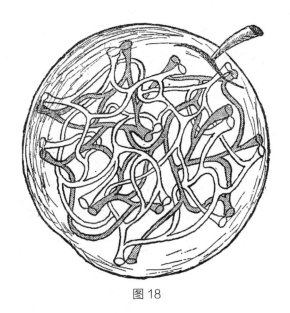

图 18

值得注意的是，两个阶梯系统的连接点实际上可以是球中间的任意一点，因为你总是可以通过拓扑变换把外面的点拉到里面去，也一样可以把里面的点弄到外面来。模型的第二个要点是，尽管通道的总长度是有限的，但没有"死胡同"。你可以在走廊和阶梯中不断移动，中间没有墙壁也没有栅栏，如果走得足够远，你总会回到一开始的地方。从外面看，你可以说，一个人在迷宫中移动，由于道路弯曲成球形，最后他总会回到出发点，但对于在里面的人，他甚至不知道"外面"的存在，整个空间是有限而无界的。

下一章我们将会看到这种有限而无界的"自我闭合的三维空间"，这种空间对宇宙一般特性的研究非常重要。事实上，最厉害的天文望远镜的确发现了空间弯曲迹象——也就是说，宇宙表现出了自我闭合的趋势，与苹果上的蛀洞异曲同工。不过在继续研究这些令人兴奋的问题之前，我们必须多了解一些空间的其他特性。

继续回到苹果和虫子身上，下一个问题是，有没有可能把被虫子咬过的苹果变成一个甜甜圈。我们的意思不是让它尝起来像甜甜圈，而只是让它看起来像一个甜甜圈——这里讨论的可不是厨艺，而是几何学。现在拿一个前文所述的"双重苹果"，也就是说，两个新鲜的苹果"彼此穿过"，沿着它们的表面"粘在一起"。假设有一只虫子在其中一个苹果里吃了一个宽大的圆形通道，如图 19 所示。请注意这个通道只是在其中一个苹果内，所以在通道外，每一个点都是属于两个苹果的，而在通道内，只有没被虫子吃掉的那个苹果的果肉，现在"双重苹果"有了一个由通道内壁组成的自由表面（见图 19a）。

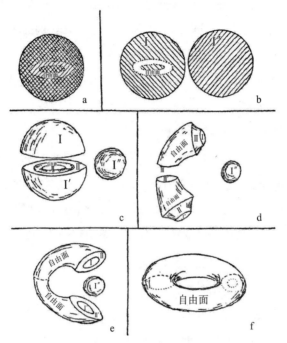

图 19　如何把一个被虫子蛀掉的"双重苹果"变成一个好的甜甜圈，
这不是魔法，是拓扑学

你能改变这个烂苹果的形状，使其变成一个甜甜圈吗？当然，我们要假设这个苹果的材质极富弹性，想怎么捏就怎么捏。为了方便操作，我们可以切开苹果，完成所需的变形，然后重新把它粘回去。

先把"双重苹果"两个部分的外皮切开，然后把它们彼此分开（见图 19b）。用数字 I 和 I′ 标记两个拆开的表面，以便操作完成后将它们重新粘好恢复原样。将包含蛀洞的部分横切，使切口穿过蛀洞（见图 19c），形成两个新的切面，分别标记为 Ⅱ、Ⅱ′和 Ⅲ、Ⅲ′。在这一步，蛀洞的自由面被暴露出来，构成了甜甜圈的外表面。按照图 19d 所示的方式翻转两个被切开的部分，自由面被扭转拉伸成了一大块，Ⅰ、Ⅱ、Ⅲ等切面则都变得很小。处理完被蛀过的苹果后，再将"双重苹果"的另一半，也就是没被蛀过的那个苹果压缩到樱桃般大小。

接下来，把刚才的切面粘回去：第一步，将Ⅲ和Ⅲ′对应粘起来，得到图 19e 所示的"钳子"形状；第二步，将缩小后的第二个苹果放在刚才粘好的"钳子"中间，Ⅰ和Ⅰ′及Ⅱ和Ⅱ′都正好严丝合缝地粘贴在一起，最后得到的就是一个圆滑漂亮的甜甜圈。

你可能会问这一切的意义何在？

实话说，没有什么意义，只是让你做一个几何想象力的练习，帮助你理解空间弯曲和自我闭合空间等奇怪的概念。

不过如果你的想象更天马行空一点，到真可以有点"实际应用"。

你可能从未想过自己的身体也有一个甜甜圈的形状，事实上，任何生命体在其早期阶段（胚胎阶段）都会经历一个被称为"胚囊"的过程，"胚囊"正是球形的，也刚好有一条宽阔的通道贯穿其中。通道的一端摄入食物，生命体吸收其中的有用成分，余下的残渣从通道的另一端排出。生命体发育完全后，内部通道变得更细、更复杂，但原理和所有几何特性仍然与甜甜圈别无二致。

好吧，既然你是一个甜甜圈，试着做一个与图 19 所示相反的变换——想象着把你的身体转变为内部有一个通道的"双重苹果"。你会发现，仰望星河，你真的胸怀整个宇宙——你身体相互重叠的部分形成"双重苹果"的果体，而包括地球、月亮、太阳和星星在内的整个宇宙则将全部被挤压在内部的圆形通道里。

　　试着画出它的样子，如果画得好，萨尔瓦多·达利（Salvador Dali）本人就会承认你在超现实主义绘画艺术方面天赋异禀（见图 20）！

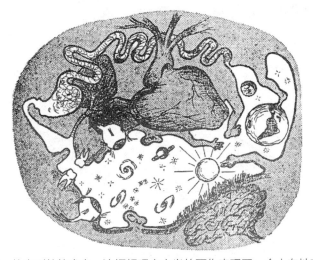

　　图 20　从内到外的宇宙。这幅超现实主义的画作表现了一个人在地球表面
行走并仰望星空，这幅画按照图 19 所示的方法进行了拓扑
变换，因此，地球、太阳和星星都挤在一个相对狭窄的
通道里，四周是人体的内部器官

　　结束这一节的内容前，我们讨论一下物体手性与空间一般特性的关系。这个问题可以从一副手套说起，比较一副手套（见图

21），你会发现它们所有的尺寸都是一样的，却也有着很大的不同，因为你不能把左手的手套戴在右手上，反之亦然。你可以随心所欲地转动和扭转它们，但右手套仍然是右手套，而左手套仍然是左手套。在鞋子、汽车的左舵和右舵、高尔夫球杆和许多其他东西上，都存在左手系与右手系之间的这些差异。

　　另一方面，诸如礼帽、网球拍和许多其他物品则并没有显示出这种差异；没有人会傻到去商店里订购一打左手用的茶杯，如果有人问你从邻居那里借一把左撇子活动扳手，那也肯定是在开玩笑。这两类物体之间有什么区别呢？稍微想一想，你会发现像帽子或茶杯这样的物体拥有我们所说的对称面，它们可以沿着这个对称面被切割成两个相同的部分。手套或鞋子则不存在这样的

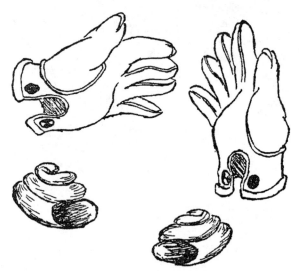

图 21　左手系和右手系物体看起来完全一样，实际却大不相同

对称面，无论你怎么尝试，你都无法把一只手套切成两个相同的部分。如果物体不具备对称面，我们就说它是非对称的，具体又可以分为右手系的和左手系的两类。

　　这种差异不仅存在于手套或高尔夫球杆等人造物品中，自然界中也司空见惯。例如，有两个品种的蜗牛，它们在所有其他方面都是相同的，但一种蜗牛壳永远呈顺时针，另一种则永远呈逆时针。即使是在组成不同物质的分子中，也存在手性的差别。当然，我们无法直接看到分子，但物质的晶体结构或某些光学特性清晰地显示出了这种非对称性。例如，糖分子就有两类，一类是右旋糖，一类是左旋糖，而且不论你相信与否，事实上自然界真的也有两种不同的细菌，一种只吃右旋糖，一种只吃左旋糖。

　　如上所述，似乎永远不可能将一个右手系的物体（例如手套）变成一个左手系的物体。但这个结论是真的吗？我们是否可以想象出能够完成这种变换的奇妙空间呢？为了回答这个问题，我们还是先从平面人开始，这样就可以从外部的三维视角来观察这个平面。请看图 22，它代表二维空间里的人。手里拿着一串葡萄的人可以被称为"正面人"，因为他有"正面"但没有"侧面"。他旁边的动物是一只"侧面驴"，或者更具体地说，是一只"右侧面驴"。当然，我们也可以画一只"左侧面驴"，而且，由于这两只驴都被限制在表面，从二维的角度来看，它们就像我们普通空间中的左、右手套，是存在手性的。如果在平面上将"左侧面驴"和"右侧面驴"叠到一起，那么它们不可能完全重合，因为为了使它们的鼻子和尾巴靠在一起，你必须把它们中的一个

图22　二维世界的生活构想。这种二维的生物不是很"现实"，图中的人
有正面而没有侧面，无法手中的葡萄放进嘴里，驴子能向右走
吃到葡萄，而如果想向左就只能倒着后退，
这对它来讲可不大方便。

颠倒过来，这样它也就会四脚朝天，无法稳稳地站在地面上。

但是，如果把一头驴从二维平面拿出来，然后在三维空间里
翻转一圈后再放回去，两头驴就完全一样了。类似地，只要把一
只右手手套从三维空间里拿出来，然后在四维空间里做合适的翻
转，再放回去它也能变成左手手套。只可惜此路不通，因为物理
空间上没有第四个维度，那有没有别的办法呢？

好吧，再次回到二维世界，但是，不要像图22那样考虑一
个普通的平面，而是将其换成"莫比乌斯面"。一个世纪前，德
国数学家莫比乌斯（Möbius）首先研究了该曲面。拿一张长条
纸，把一端拧一个弯，然后将两端粘在一起，形成一个环，如图

23 所示。这个曲面有很多特殊的性质。如图 23 中箭头所示，用一把剪刀沿着平行于边缘的线剪开"莫比乌斯环"，它不会如你所愿一分为二，剪开后还是一个"莫比乌斯环"，只不过长变成了原来的两倍，宽则变成了原来的一半。

现在让我们看看，当平面驴在莫比乌斯面上走动时会发生什么。假设从位置 1（见图 23）开始，此刻它是一只"左侧面驴"，一直走，经过图中位置 2 和 3，最后接近开始的位置。这时不仅是你，驴子也会觉得不大对了，它居然就四脚朝天了，当然，它身手敏捷转了过来，然后又发现头诡异地换了方向。它的腿伸向空中。当然，它也可以转过身来，这样它的腿就会下来，但头的方向又不对了。

简而言之，穿过莫比乌斯面的"左侧面驴"已经变成了"右

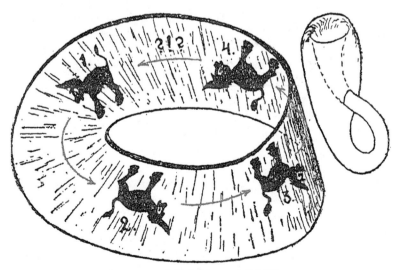

图 23　莫比乌斯环和克莱因瓶

侧面驴"。而且，请注意，驴一直待在表面上，没有被取出，更没有被翻转，但左右手性确实发生了变化。由此可见，通过一个扭曲的表面，一个右手系的物体可以变成一个左手系的物体，反之亦然。人们还想象出了图 23 右侧的"克莱因瓶"，它只有一个面，自我闭合且没有边界，"莫比乌斯环"其实只是"克莱因瓶"曲面的一部分。事实上，既然手性变换能在二维世界实现，三维空间一样存在这种可能，只要有类似于"莫比乌斯环"的扭曲即可。当然，因为"当局者迷"，我们无法像观察"平面驴"一样跳出空间看自己，但天文空间自我闭合的可能性的确存在。

　　如果真的是这样，环游宇宙的旅行者都会带着一颗位于右胸腔内的心脏回到地球。手套和鞋子的制造商也会获得一个无与伦比的优势，那就是可以只生产一种手性的鞋子和手套，然后让其中一半环行宇宙一周，等到这批货重新回到地球的时候，正好两两配对。

　　讲完这个奇妙的想法，我们对特殊空间性质的讨论也就此结束。

第四章
四维世界

---

1. 时间是第四个维度

第四维的概念一度非常神秘、饱受质疑。我们这些受长度、高度和宽度所限的生物，怎么敢说四维空间呢？用三维智慧来想象一个四维的超级空间，这可能吗？一个四维的立方体或球体又会是什么样子呢？

当我们说"想象"一条有长长的鳞片尾巴、鼻孔里喷出火焰的巨龙，或者"想象"一架翅膀上有游泳池和几个网球场的超级客机时，你会在脑海中绘出一幅幅画面，试图描摹这个物体突然出现在你眼前的模样。但所有这一切都是以你熟悉的三维空间为背景画出的，包括你自己在内的所有普通物体，都在这个三维空间里。

如果这就是"想象"一词的含义，那么在普通三维空间里想象一个四维立方体的确是不可能的，就像把一个三维的身体压进平面一样。不过请稍等一下，我们确实可以在平面上画出三维物体来，因而在某种意义上可以说能将一个三维物体压进了平面。

我们当然不会使用液压机或任何其他物理力量来完成这项工作，而是会采用几何"投影"的方法。图24形象地展示了用两种方法将一匹马压进一个平面内的区别。

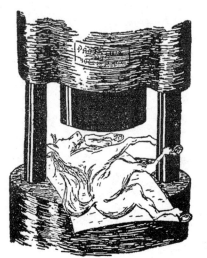

图24 把一个三维物体"压"进一个二维平面的两种方法，
左边的方法是错误的，右边的方法是正确的

类似的，虽然我们不能把一个四维物体"压"进一个三维空间，但可以讨论各种四维物体在三维空间中的"投影"。需要记住的是，正如三维物体的平面投影是二维图形一样，四维物体在三维空间的投影也是立体图形。

为了便于理解，让我们先想一想，生活在平面上的二维平面人会如何理解三维立方体的概念。作为生活在"更高级"的三维生物，我们可以从上面的第三个方向看二维世界。将一个立方体"压"进一个平面的唯一方法，就是以图25所示的方式将其"投

影"到该平面上。通过旋转原始立方体我们还可以得到其他各种
投影,二维平面人通过这些投影至少能够对被称为"三维立方
体"的神秘图形有些基本概念。虽然无法像我们一样"跳出"平
面,将立方体形象化,但是通过观察投影,他们能说出立方体
有8个顶点和12条边。其实看看图26,你会发现自己和那些可
怜的二维平面人没有区别,他们会为普通立方体在二维平面的投
影大伤脑筋。而图26中的这家人也正在惊讶地检查着一个奇怪

图25 二维平面人惊讶地看着三维立方体在他们生活的世界中的投影

的复杂结构，后者正是一个四维超立方体在普通三维空间中的投影。①

　　仔细观察这个图形，你就会意识到，他们与图 25 中那些感到困惑的平面人相差无几：普通立方体在平面上的投影是由两个正方形表示的，一个在另一个里面，顶点相互连接；超立方体在普通空间的投影则是由两个立方体组成的，一个放在另一个里面，顶点以类似方式相连。简单一数你就知道，一个超立方体有 16 个顶点、32 条边和 24 个面。好奇怪的立方体，不是吗？

　　现在让我们看看一个四维球体是什么样子。还是先看我们熟悉的普通球体在平面上的投影。例如，一个透明的地球仪，上面标有大陆和海洋，投影在一面白墙上（见图 27）。在这个投影中，两个半球当然会相互重叠，单纯从这个投影来看，人们可能

图 26　四维空间来客！一个四维超立方体的直接投影

---

①　更确切地说，图 26 给出了四维超立方体在三维空间中纸面上的三维投影。

认为从美国纽约到中国北京的距离很短，但这只是一种表面印象。事实上，投影上的每一个点都代表着实际球体上的两个相对的点，如果看纽约飞往北京的客机在地球仪上的投影的话，飞机将一直移动到平面投影的边缘，然后折返回来。尽管两架不同客机的投影在图片上可能重叠，但实际上客机分别在两个半球飞行，彼此并不会发生碰撞。

　　这就是普通球体平面投影的特别之处。稍微发挥一下我们的想象力，就不难理解四维超球体的空间投影。普通球体的平面投影由两个平坦的圆盘点对点组合在一起，沿外圆周连接，超球体的空间投影也可以想象成两个球体彼此重叠并沿其外表面连接。上一章中我们已经讨论过一个这样的特殊结构，对！四维球体在三维空间的投影正如那只连体婴儿般的"双重苹果"，由两个果

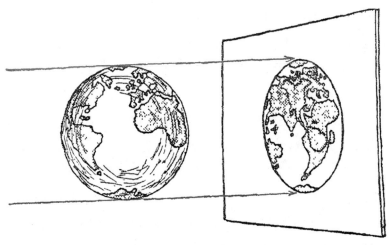

图27　地球的平面投影

皮完全重叠的苹果组成。

　　类似地，我们也可以回答关于四维图形的许多其他问题。但尽管我们可以尝试，却永远无法"想象"物理空间中还有第四个独立的维度。

　　但多想一下，你会发现，完全没必要绞尽脑汁构想第四维。事实上，有一个我们大多数人每天都使用的词，描述的正是物理世界中的第四维，这个词就是时间。时间经常和空间一起使用，用来描述我们周围发生的事件。当我们谈论宇宙中任何类型的事件时，无论是在街上与朋友的偶然相遇，还是一个遥远恒星的爆炸，我们不仅要说它发生在哪里，还要说清楚它发生的时间。通过这种方式，我们为三维空间中的事件引入了第四个维度：时间。

　　如果进一步思考这个问题，你也会意识到，每个物体都有四个维度，三个是空间，一个是时间。因此，你居住的房子正是长度、宽度、高度和时间四个维度上的延伸，时间的延伸从房子建成之日起到它最终被烧毁，或被一些拆迁公司拆掉，或因年久失修而坍塌。

　　可以肯定的是，时间维度与空间的三个维度确实不同。时间间隔是由时钟来测量的，它发出滴答声来表示秒，发出叮咚声来表示小时，与由码尺来测量的空间间隔完全不同。虽然你可以用同一把尺子来测量长度、宽度和高度，却不能把尺子变成时钟，用它来测量时间的长度。此外，虽然你可以在空间中向前、向右或向上移动，也能轻松地返回原地，却无法使时光倒流，你只能被迫从过去进入未来。但是，尽管时间维度和空间的三个维度之间存在这些差异，我们仍然可以把时间作为物理事件中的第四个维度，只不过要注意彼此之间的不同而已。

一旦选择时间作为第四维度，我们会发现把本章开始时讨论的四维立方体可视化要简单得多。例如，还记得四维立方体投影出的奇怪图形吗？16 个顶点，32 条棱，24 条边！难怪图 26 中的人会如此惊讶地盯着这个几何怪物。

然而，从我们的新观点来看，一个四维立方体是一个一定时间内的普通立方体。假设你在 5 月 7 日用 12 根铁丝搭建了一个立方体，并在一个月后将其拆散。这样的立方体每个顶点都其实都是一条沿时间维度延伸的线，长度为一个月。你可以在每个顶点上贴一个小日历，每天翻开一页显示时间进度（见图 28）。

现在再数四维立方体中边的数量就易如反掌了。事实上，开始它在空间有 12 条边，结束时也有 12 条边。8 条"时间边"则代表每个顶点的持续时间，总共 32 条边。类似的，还可以数出 16 个顶点：5 月 7 日有 8 个空间顶点，6 月 7 日又有同样的 8 个空间顶点。作为练习，读者也可以采用同样的方式来计算四维立方体面的数量，其中一些是原始立方体的普通方形面，而其他面则是因时间从 5 月 7 日延伸到 6 月 7 日形成的"半空间半时间"面。

上述四维立方体的研究当然也适用于任何其他几何图形，不论其是否有生命。

具体点说，把你自己想象成一个四维物体，就像一种长长

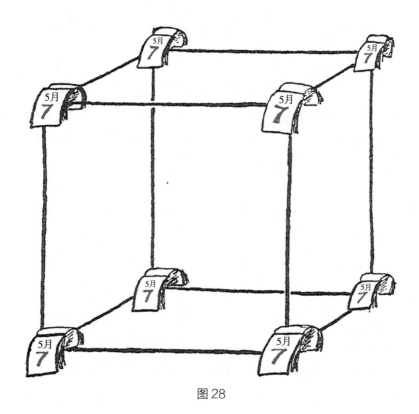

图28

的橡胶条，从出生的那一刻一直延伸到自然生命的结束。不幸的
是，人们无法在纸上画出四维图形，所以在图29中，我们试图
通过一个二维平面人代替三维的你，他的时间维度是垂直于所生
活的二维平面。这张图还只是代表了平面人的整个生命周期的一
小部分。他的全部寿命应该由一根更长的橡胶棒来表示。开始，
当他还是个婴儿时，切面相当薄，在多年的生活中不断变化，直
到死亡时达到一个恒定的形状（因为死者不会动），然后开始
分解。

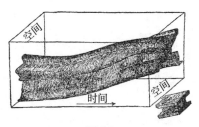

图 29

　　更确切地说，这根四维橡胶棒实际上分为无数根彼此独立的纤维，每根纤维都由独立的原子组成。在整个生命过程中，这些纤维的大部分始终保持在一起；只有在剪头发或指甲等的时候少数纤维会脱落。由于原子是不灭的，所以人死后的解体实际上是独立纤维的弥散，剩下的只有骨骼纤维。

　　在四维时空几何学中，代表每个单独的物质粒子历史的线被称为"世界线"，同理，组成一个复合体的世界线叫作"世界带"。

　　图 30 中给出了太阳、地球和彗星"世界线"[1]的天文学案例。参照前面的例子，以太阳为基准，令时间轴垂直于地球公转轨道平面，相对静止的太阳"世界线"与时间轴平行，[2]地球公转轨道近似于圆形，地球"世界线"绕太阳"世界线"螺旋上升，彗星"世界线"则先靠近太阳"世界线"，旋即又远远离去。

　　我们会看到，从四维时空几何学的角度看，宇宙的拓扑图形和宇宙历史融合成一幅和谐的画卷，而我们所要考虑的只是代表

────────────────

①　准确地说，我们在这里应该称其为"世界带"，但从天文学的尺度来看，完全可以把恒星和行星视为点。

②　事实上，太阳相对于其他恒星来说也是在移动的，因此如果以恒星系统为参考系，太阳的"世界线"应该是偏向一边的。

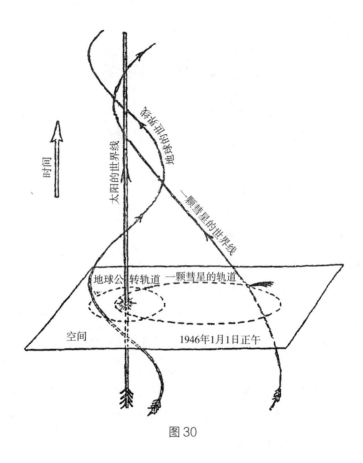

图 30

单个原子、动物或恒星运动纠缠成束的"世界线"。

2. 时空等价

　　要把时间看成和空间的三个维度等价的第四个维度，并不是一件容易的事儿。当测量长度、宽度或高度时，我们都可以使用英寸或英尺等相同的单位。但时间长度不能用英尺或英寸来测量，我们必须使用完全不同的单位，例如分钟或小时。它们彼此之间又该如何比较呢？设想一个四维的立方体，在空间上是 1 英尺 ×1 英尺 ×1 英尺，那么它在时间上必须延伸多长才能使四个维度方向两两相等？是 1 秒、1 小时？还是像之前例子中假设的那样需要 1 个月？1 小时是比 1 英尺是长还是短？

起初，这个问题听起来毫无意义，但如果多想一下，或许还真可以将长度和时间进行比较。你经常会听到，到某人住处"乘公交车 20 分钟之内"，或者到某个地方"乘火车只需 5 小时"，人们会使用特定类型交通工具所需的时间来说明距离。

因此，如果能就某种标准速度达成一致，我们也应该能够用长度单位来表达时间间隔，反之亦然。

很明显，这种时空转换因子必须足够稳，它不能因人的主观意志或物理环境的变化而变化。物理学中唯一已知的具有上述普遍性的速度就是光在真空中传播的速度，通常被称为"光速"。不过，这一速度更准确的名字应该叫"相互作用的传播速度"，电力、引力等物质之间的所有相互作用在真空中均以该速度传播[①]。此外，后面我们还将看到，光速也是物体运动速度的上限，没有任何物体能以超过光速的速度穿过我们所在的空间。

意大利著名科学家伽利略（Galileo Galilei）在 17 世纪首次尝试测量了光速。在一个漆黑的夜晚，伽利略与他的助手带着两盏灯来到佛罗伦萨附近的空地上，每盏灯都装有一个机械遮光板。

---

① 　强相互作用、电磁作用、弱相互作用传播的速度都是光速，根据广义相对论，万有引力传播的速度也是光速，这一结论已于 2003 年被证实。——译者注

两个人位于相距几英里的地方，在某一时刻，伽利略打开遮光板，向助手的方向射出第一束光（见图31a）。按照约定，助手在看到来自伽利略的光信号时立即打开自己的遮光板。由于光从伽利略传给助手，再传回伽利略，肯定需要一些时间，所以预计在伽利略打开遮光板的那一刻和他看到助手传回的返回光之间会有一定的延迟。实际上，人们确实注意到了一个小的延迟，但当伽利略的助手到两倍远的地方重复这个实验时，延迟并没有增加。显然，光的传播速度太快了，以至于几乎不需要任何时间就能走完几英里的距离，而观察到的延迟更多是由于伽利略的助手不能在看到光的那一时刻马上打开遮光板——我们现在称之为反应延迟。

尽管伽利略的这项实验没有给出光速的大小，但他发现了木星的卫星，这一发现为首次实际测量光速提供了基础。1675年，丹麦天文学家罗姆（Roemer）在观察木星卫星的掩食时注意到，当卫星消失在木星的阴影中时，每次的时间间隔并不总是相同，而是会随着木星与地球之间的距离而变化。如图31b所示；罗姆立即意识到，这种效应并不是源于木星卫星的变速运动，而是源于木地距离的改变。罗姆通过观察计算出光速大约为每秒18.5万英里。也就难怪伽利略无法用他的设备测量出光速，事实上，光在他和助手之间打个往返所需的时间也不过几十万分之一秒而已。

不过，伽利略的原理并没有错，那对简陋的遮光灯无法完成的事情最终由法国物理学家斐索（Fizeau）通过更精密的仪器所完成。图31c显示了斐索测量光速的装置，装置主要由两个共轴

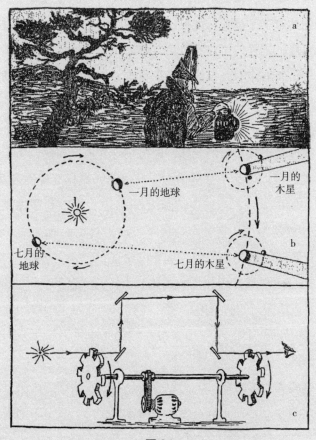

图 31

的齿轮构成，一个齿轮的轮齿正好覆盖另一个齿轮的齿缝，静止状态下，平行于轴的光线无法同时穿过两个齿轮。接下来，让两个齿轮高速旋转，从第一个齿轮齿缝之间射入的光线需要一段时间才能到达第二个齿轮，如果这段时间内齿轮系统刚好转过半个轮齿的角度，则光线可以穿过第二个齿轮。整体情况有点类似于一辆汽车沿装有定时红绿灯的大街行驶，如果齿轮转速提高到原来转速的两倍，那么光线在到达第二个齿轮时又会被下一个轮齿挡住。然后转速再提高，光又能够穿过第二个齿轮，记录下光连续消失或连续出现对应的转速，即可估计光速。当然，为了降低转速，我们可以像途中那样增加一些镜子，这样光路就会更长。斐索在实验中发现，当转速达到 1000 转时，光顺利穿过靠近他的小孔。也就是说，在这个速度下，光走过的路程为两个齿轮的间距，齿轮转过半个齿距。每个齿轮有 50 个大小相同的轮齿，因此半个齿距显然是齿轮周长的 1/100，光传播的时间为齿轮系统旋转一周所需时间的 1/100，斐索计算出光速为 300,000 千米 / 秒或 186,000 英里 / 秒，这一结果与罗姆观测木星卫星所得到的结果几乎相同。

在这些先驱者之后，人们用天文学和物理学的方法进行了大量的独立测量。目前，真空光速（通常用字母 c 表示）的最佳估计值是 c=299,776 千米 / 秒 或 c=186,300 英里 / 秒。

如果用英里或千米来表达天文距离，需要写满一整页的数字，而极高的光速正好作为标准度量单位。因此，天文学家会说某颗恒星距我们有 5 "光年"，就像我们说一个地方距火车站有 5

小时一样。一年包含 31,558,000 秒，1 光年相当于 31,558,000 × 2 99,776=9,460,000,000,000 千米或 5,879,000,000,000 英里。

事实上，当我们使用"光年"这个术语时，已然不自觉地将时间看作了一个维度，并且用时间测量了空间距离。反过来说，"光英里"指的是光走过 1 英里所需的时间，结合光速值，我们知道 1 光英里等于 0.0000054 秒。同样，"1 光英尺"等于 0.0000000011 秒。这也就回答了上一节关于四维立方体的问题，如果立方体的空间尺寸是 1 英尺 × 1 英尺 × 1 英尺，那么时间长度只有大约 0.0000000011 秒。如果这个空间立方体存在一个月，那显然是个时间轴方向长得多的四维棒。

3. 四维距离

解决了空间轴和时间轴单位如何比较的问题之后，我们现在可以问自己，在四维时空世界中，两点之间的距离应该如何理解？在这种情况下，每一个点都对应于通常所说的"一个事件"，也就是位置和时间的组合。为了弄清这个问题，让我们考虑以下两个事件。

事件 I：1945 年 7 月 28 日上午 9 点 21 分，位于纽约市第五大道和第 50 街交汇处一楼的一家银行被抢劫。[①]

事件 II：一架在大雾中迷航的军用飞机于同一天上午 9 点 36 分在纽约市第五和第六大道之间的第 34 街撞上了帝国大厦的第

---

① 本事件纯属虚构，如有雷同纯属巧合。

79 层外墙（见图 32）。

这两个事件在空间上南北相隔 16 个街区、东西相隔半个街区、上下相隔 78 个楼层，在时间上相隔 15 分钟。显然，为了描述两个事件之间的空间距离，可以通过毕达哥拉斯定理计算直线距离，根据该定理，空间中两点之间的距离是各个坐标距离平方之和的平方根（见图 32 右下角）。首先把各个数据转换成英尺等相同的单位。已知一个南北向街区的长度为 200 英尺，一个东西

图 32

向街区的长度为 800 英尺，帝国大厦一层的平均高度为 12 英尺，那么这三个坐标距离在南北方向为 3200 英尺，东西方向为 400 英尺，垂直方向为 936 英尺，计算可得两个地点之间的距离为

$$\sqrt{3200^2+400^2+936^2} = \sqrt{11,280,000} \approx 3360 （英尺）$$

如果时间作为第四个维度确有实际意义，那就应该能够把空间距离 3360 英尺和时间间隔 15 分钟结合起来，从而得到一个单一的、描述两个事件之间的四维时空距离的数字。

根据爱因斯坦的最初想法，这样的四维距离应该可以通过勾股定理的简单推广而得到，并且在事件之间的物理关系中发挥比独立的空间和时间间隔更重要的作用。

二者的结合必须使用统一的单位，就像必须用英尺来表示街区的长度和楼层之间的距离一样将四维距离定义为所有四个坐标平方之和的平方根，这一点可以通过光速作为转换因子轻松实现，15 分钟的时间间隔变成了 800,000,000,000 "光英尺"。这时我们忽略空间和时间之间的区别，实际上是承认有可能将空间度量变成时间度量，反之亦然。

然而，即使是伟大的爱因斯坦也无法用一块布盖住尺子，挥挥手念几句"时间来，空间去，变"之类的咒语，然后把它变成一个崭新的闹钟（见图 33）。

根据爱因斯坦的观点，为了强调空间距离和时间长度之间的物理差异，我们可以在时间坐标的平方前加一个负号，这样两个事件之间的四维距离等于三个空间坐标的平方之和减去时间坐标的平方之后所得结果的平方根。

图 33　爱因斯坦教授不会变魔术，但他做了一件比魔术强得多的事

因此，银行劫案和飞机坠毁之间的四维距离为

$$\sqrt{3200^2+400^2+936^2-800,000,000,000,000^2}$$

与其他三项相比，第四项的数值非常大，这是因为我们这里举的是一个"日常生活"的例子，而按照日常生活的标准，所需的时间单位确实太小了。但如果从宇宙中取一个例子，应该可以得到大小相当的数字。例如，把 1946 年 7 月 1 日上午 9 点整在比基尼岛发生的原子弹爆炸作为第一个事件，把同一天上午 9 点 10 分陨石落在火星表面作为第二个事件，时间间隔为

540,000,000,000 光英尺，而空间距离大约为 650,000,000,000 英尺。两个事件之间的四维距离将是 $\sqrt{(65 \times 10^{10})^2 - (54 \times 10^{10})^2} = 36 \times 10^{10}$（英尺），在数值上与纯空间和纯时间间隔都有很大不同。

当然，一定有人并不认同一种看似不合理的几何学，为什么其中一个坐标要与其他三个坐标做不同处理呢？不要忘记，描述物理世界的数学系统必须客观反映现实情况，既然在四维时空联合体中，空间和时间的确有所差别，四维几何学就必须体现出这一差别。而且确实存在一个简单的数学补救措施，可以使爱因斯坦的时空几何学与我们在学校学到的欧几里得几何学完美结合，那就是把第四维的时间坐标视为纯虚数，这个补救措施由德国数学家闵可夫斯基（Minkovskij）提出，你可能还记得本书第二章中，通过乘以 $\sqrt{-1}$ 可以把一个普通的数字变成一个虚数，这种虚数在解决各种几何问题时非常方便实用。根据闵可夫斯基的说法，时间被视为第四坐标，不仅必须用空间单位表示，还应该乘以虚数单位 $\sqrt{-1}$。因此，例子中的四个坐标值分别是：

第一个坐标 3200 英尺；第二个坐标 400 英尺；第三个坐标 936 英尺；第四坐标 $8 \times 10^{11}i$ 光英尺。

我们将四维距离定义为所有四个坐标距离平方之和的平方根。事实上，由于虚数的平方总是负的，闵可夫斯基坐标中的普通毕达哥拉斯表达式，在数学上等价于爱因斯坦坐标中看似不太合理的毕达哥拉斯表达式。

有一个故事，讲的是一个患有风湿病的老人，他问健康的朋友如何设法避免风湿病。

"我这辈子每天早上都会洗个冷水澡。"朋友这样回答。

"噢!"老人喊道,"那你等于是把风湿病换成了冷水澡病。"

类似的,如果你不喜欢看似患了风湿的勾股定理,那就假想时间坐标每天早上也要洗个冷水澡。

由于时空世界中第四维的坐标是虚数,我们必须考虑两种物理上不同类型的四维距离。

事实上,在上面讨论纽约事件等情况时,事件之间的三维距离在数值上小于时间间隔,勾股定理中根号下的数是负数,因此我们得到一个用虚数表示的广义四维距离。然而,在其他一些情况下,时间长度可能小于空间距离,根号下的结果为正,也就意味着两个事件之间的四维距离是实数。

而根据定义,空间距离为实数,时间间隔为纯虚数,因此,实数四维距离更接近空间距离,而虚数四维距离则更接近于时间间隔。根据闵可夫斯基的定义,第一种四维距离被称为"类空距离"(spatial-raumartig),第二种四维距离被称为"类时距离"(temporal-zeitartig)。

我们将在下一节中看到,类空距离可以变成一个有规律的空间距离,而时间上的距离也可以变成一个有规律的时间间隔,其中前者用实数表示,后者用虚数表示,二者之间有着一道不可逾越的藩篱,所以彼此无法互相转化,因此我们不可能将尺子变成时钟,也不可能将时钟变成尺子。

第五章
时间与空间的相对性

---

1. 时空互变

上一章中，我们在数学上证明了空间和时间在四维时空中是统一的，尽管二者之间的差异依然存在，但这种尝试揭示出两个概念在物理学上极为相似，这与爱因斯坦之前的物理学大相径庭。事实上，事件之间的空间距离和时间间隔不过是四维时空距离在两个轴上的投影，四维时空轴的旋转也必然导致时间和空间的相互转换。那么四维时空轴的旋转又是什么意思呢？

首先考虑一个如图 34a 所示的二维空间坐标系，假设两个固定点之间距离为 L。L 在第一个坐标轴上的投影距离为 a 英尺，在第二个坐标轴上的投影距离为 b 英尺。接下来坐标系转过一个角度（见图 34b），那么同样的距离在两个新轴上的投影分别为 a' 和 b'，二者与 a、b 明显不同。然而，根据勾股定理，两个投影平方和的平方根是一样的，因为该值对应两点之间的实际距离，不会因为轴的旋转而改变。因此

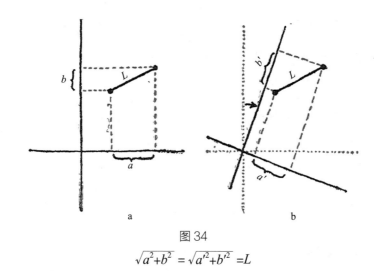

图 34

$$\sqrt{a^2+b^2} = \sqrt{a'^2+b'^2} = L$$

也就是说，选取不同的坐标系，L 在两条坐标轴上的投影必然发生变化，但投影平方和的平方根始终保持不变。

接下来考虑时空坐标系，其中一个坐标轴对应空间，另一个坐标轴对应时间。前面例子中的两个固定点变成了两个事件，两个轴上的投影分别代表两个事件对应的空间距离和时间间隔。以上一节讨论的银行抢劫和飞机失事为例，如图 35a 所示，它与代表两个空间坐标的图 34a 非常相似，那么坐标系的旋转意味着什么呢？答案可能出乎你的意料，甚至不那么好理解：如果你想转动时空坐标系，那就乘坐一辆公交车吧。

好吧，假设在 7 月 28 日那个不幸的早晨，我们真的坐在一辆从第五大道驶过的公交车上。如果距离一个变量就能决定能否看到两个事件，那么我们最感兴趣的是，银行抢劫和飞机失事的地方分别离我们的公交车有多远。

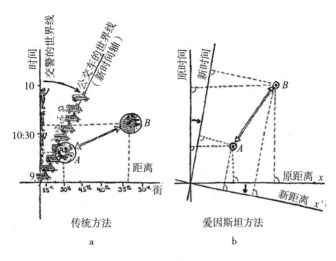

图 35

看一下图 35a，图中显示了公交车的世界线及抢劫和撞车事件，你会立刻注意到其中的距离与站在街角的交通警察所记录的距离并不相同。公交车沿大道行驶，比方说每三分钟前进一个街区，这在纽约繁忙的交通中并不罕见，从公交车上看，两个事件之间的空间距离显然变小了。事实上，上午 9 点 21 分，公交车正穿过第 52 街，此时发生的银行抢劫案就在两个街区之外；而当上午 9 点 36 分飞机失事发生时，公交车在第 47 街，距离失事现场 14 个街区。测量两个事件相对于公交车的距离可知，抢劫和坠机之间的空间距离为 14-2=12 个街区，而以城市建筑为参考系，两个事件之间的距离是 50-34=16 个街区。再看图 35a 我们会发现，以公交车为参照物，时间轴将不再是原本静止交警的世界线，而是偏移一定角度变成了公交车的世界线。

　　刚才讨论的"一大堆琐事"可以概括为这样一句话：为了绘制从移动的车辆上观察到的事件时空图，我们必须将时间轴转过一定的角度，具体角度值取决于该车辆的速度，但空间轴则保持不动。

　　从经典物理学和所谓的"常识"角度来看，这句话合情合理，但它却与四维时空世界的新观念格格不入。事实上，如果时间被视为独立的第四维坐标，那么无论是坐在公交车上、手推车上，还是坐在人行道上，时间轴必须始终与三个空间轴保持垂直！

　　两条路必选其一：要么固守古老的时间和空间概念，不要再考虑统一的时空几何学；要么打破"常识"的条条框框，认定空间轴和时间轴共同旋转，二者永远彼此垂直（本章后面的内容中，我们还会详细解释这一现象）。

　　但是问题还没结束，转动时间轴意味着不同参照系下空间距离的改变，就比如前面运动的车辆上，两个事件的空间距离变成12个街区而不是16个街区。同样地，转动空间轴也意味着不同参考系下时间间隔的不同，同样面对银行抢劫和飞机失事两个事件，市政厅的时钟相隔15分钟，公交车乘客手表上记录的则是别的时间——这并不是说两个计时器有什么机械故障而快慢不同，而是时间流逝速度在运动的车辆内发生了变化，记录时间的机械装置也自然慢了下来。当然，公交车行驶得很慢，延迟微乎其微，所以日常生活中我们察觉不到也无可厚非。

　　再举一个例子，设想一个人在一辆行驶火车的餐车上吃晚饭。从餐车服务员的角度来看，他始终在靠近窗户的第三张桌子吃着开胃菜和甜点，但是在两个铁轨上的扳道工眼里——一个正好看到他吃开胃菜，另一个正好看到他吃甜点，两个事件相隔好几英里。因此，我们可以说，一个观察者眼中同一地点不同时刻发生的两个事件，对于不同运动状态的其他观察者而言，完全是不同地点的两个事件。

考虑到时空的等价性，将上述句子中的"地点"一词替换为"时刻"，结论也依然成立。相应的表述变为：一个观察者眼中同一时刻不同地点发生的两个事件，对于不同运动状态的其他观察者而言，完全是不同时刻的两个事件。

回到餐车的例子，我们会想到，虽然服务员可以发誓，坐在车厢两端的两位乘客是在完全相同的时间点燃他们饭后的香烟，但当火车从窗外"静止"的扳道工身边驶过时，他会坚持认为，两位先生点燃香烟的时刻绝不相同。

因此，在一个观察者眼中同时发生的两个事件，从另一个观察者的角度来看，这有了一定的时间间隔。

空间和时间不过是恒定不变的四维距离在对应轴上的投影而已，所以上述结论是四维几何学的必然结果。

2. 以太风和天狼星旅行

扪心自问，为什么要引入四维几何学？是否真的要在古老的时间与空间观念里加入这一革命性的变化？

如果答案是肯定的，我们就是在挑战牛顿两个世纪前奠定的经典物理学体系。

"绝对空间，就其本质来说，与任何外界事物无关，绝对空间本身是不变的。"

"绝对时间，即绝对的、真实的数学时间，就其本质来说，是连续均匀流逝的，绝对时间与任何外界事物无关。"

写下上述句子时，牛顿当然不认为自己在陈述什么新的东西，更不认为这是需要讨论的假设，他只是用精确的语言对经典时空概念给出明确的表述，因为这一切对于任何有常识的人来说都是显而易见的。所有人也的确对这些经典的时空概念笃信无疑，哲学家们将其称为先验常识，甚至从没有一个科学家考虑过怀疑这些概念，更遑论普通人。那么我们现在又为什么要重新考虑这一问题呢？

答案是，放弃经典的空间和时间观念，并将它们统一在一个四维坐标系中，并不是为了满足爱因斯坦的审美观，也不是为了展示他不甘寂寞的数学才华，而是由于实验研究中不断出现了新的事实，一些无论如何也无法用"空间和时间彼此孤立"的经典理论予以解释的事实。

华丽而似乎永恒的经典物理学城堡受到的第一次冲击来自迈克尔逊，1887 年他做了一个看似朴实无华的实验，实验结果几乎撼动了经典物理学家们精心设计的物理学城堡的每一块基石，使其轰然倒塌。迈克尔逊的实验理念非常简单，它基于当时人们公认的理念：光是某种形式的波，它在所谓的"光介质以太"中传播，以太是一种假想的物质，它均匀地充斥着所有空间，从广袤的太空到任何物质材料内部的原子之间的间隙，以太无所不在。

把一块石头扔进池塘，波浪就会向四面八方荡漾开来。来自任何明亮物体的光也同样以波浪的形式荡漾传播，振动音叉的声音也是如此。但是，水面上的波纹清晰地显示了水的颗粒在运动，声波则由空气或其他材料的振动传播，光波的介质又是什么呢？事实上，光在空间中传播的时候显得那么轻松，就好像空间中真的没有任何东西。

然而，如果没有任何东西可以振动，那谈论物体的振动似乎不符合逻辑，物理学家不得不引入一个新的概念，即"光介质以太"，试图在解释光的传播时为动词"振动"提供一个实质性的主语。从纯粹的语法角度来看，任何动词都必须有一个主语，"光介质以太"的存在不可能被否认。但是——这是一个非常重要的"但是"——语法规则没有也不可能告诉我们这个因句子结构而引入的主语又有什么物理特性呢？

如果说光是由光在以太中传播的波组成，也就是把"光以太"定义为波所经过的地方，听起来无懈可击，实际上只不过是创造了一个毫无意义的同义词而已。要回答以太到底是什么、它有什么物理特性，这是个很严肃的问题，咬文嚼字的语法毫无用处，还是要回到物理学本身去寻找答案。

19世纪物理学的最大错误正在于假设以太具有与普通物质非常相似的特性。人们习惯于谈论以太的流动性、刚性、各种弹性特性，甚至还谈到了以太的内摩擦。这样一来，一方面，以太在携带光波时表现为振动的固体，[①]但另一方面，它又显示出完美

---

① 光波的振动垂直于光的行进方向。在普通材料中，只有固体才会发生这种横向振动，而在液体和气体物质中，振动粒子只能沿着波的方向移动。

的流动性，对天体的运动完全没有任何阻力，科学家们将其类比于密封蜡等材料。它们的性质是，在机械冲击的快速作用下，它相当坚硬但也极其易碎，但如果静置足够长的时间，它就会在自身重量的作用下像蜂蜜一样流动。按照这个类比，经典物理学认为，充斥星际空间的以太就像密封蜡一样，对于光的传播这种高速扰动，它的表现类似于坚硬的固体；但面对运动速度只有光速几千分之一的行星和恒星等天体，以太又会变成优秀的"液体"，任由它们自如地穿行。

这种拟人化的观点，可以说是在试图给一个除名字完全未知的东西，赋予已知普通材料的特性，一开始就注定是失败的。而且，尽管人们做了许多尝试，却始终无法对这个神秘光波载体的特性给予合理的力学解释。

根据现有知识，我们可以很容易地说明，为什么这些尝试是错误的。事实上，普通物质的所有力学特性都是原子之间相互作用的表现，水的高流动性、橡胶的弹性和金刚石的硬度都是如此。水分子可以相互滑动，彼此之间没有太多的摩擦，橡胶分子可以很容易地变形，而形成金刚石晶体的碳原子则被紧密地结合在一起形成刚性的晶格。因此，各种物质所有常见的力学特性都来自它们的原子结构，但是当这一规则应用于绝对连续的以太时，它变得没有任何意义。

以太是一种特殊类型的物质，它与我们所熟悉的、通常由原子组成的物质没有任何相似之处。如果只是因为需要它作为动词"振动"的主语，我们可以称以太为"物质"，但我们也可以称它为"空间",而正如我们前面所看到的,某些形态或结构特征会使空间变成比欧几里得几何概念更复杂的东西。事实上,在现代物理学中,抛开那些所谓的力学特性,"以太"和"物理空间"别无二致。

关于"以太"的语义学或者哲学含义,我们已经说得太多了,现在必须回到迈克尔逊实验的主题上来。实验原理非常简单:如果光代表了在以太中传播的波,那么位于地球表面的仪器所记录的光速必然受到地球在空间中运动的影响。当一个人站在快速行驶的轮船甲板上时,哪怕风平浪静,他也会觉得风吹面庞。同样地,站在绕太阳急速旋转的地球上,我们也应该能体验到"以太风",当然,实际上我们感觉不到"以太风",因为它可以随意地穿过构成我们身体的原子之间的空隙,但通过测量不同方向的光速可以检测到它的存在。顺风传播的声速要比逆风传播的声速显然快得多,光在"以太风"中也理当如此。

由此,迈克尔逊教授设计了一套装置,用来测量光在不同方向上的传播速度。最简单的办法当然是采用前面介绍过的斐索实验装置(见图31c),把它转向不同的方向并进行一系列的测量。然而这种方法需要在每个方向都保证足够高的测量精度,而事实上,光速在各个方向的预期差值不超光速的百分之一,因此这种方法在实际操作中并不合理。

那怎么办呢?如果你有两根长度差不多的长棍子,想确切地知道两者之间的差别,可以把它们的一端放在一起,然后测量另一端的长度差即可,这就是所谓的"零点法"。

迈克尔逊的仪器正是利用"零点法"来比较两个垂直方向上的光速，示意图如图 36 所示。

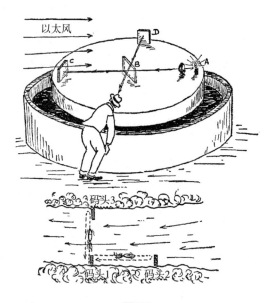

图 36

装置的核心部件是中间的半透明玻璃镜 B，上面镀有一层薄薄的金属银，光线经过 B 镜时一半通过镜子、一半被反射回来。这样，从光源 A 射出来的光束在 B 处被分为相互垂直的两束光，分别射向平面镜 C 和 D，经过两个平面镜反射后，两束光重新回到 B 镜，其中 D 镜反射光的一部分透过 B 镜，C 镜反射光的一部分又被 B 镜反射，两束光再次汇聚成一束光，最终传至图中的观察者。根据一条著名的光学原理，这两束光会发生干涉，会形成肉眼可见的明暗条纹。如果 BC 和 BD 距离相等，两束光同时回到 B 镜，明暗条纹将正好居中；而如果两个距离稍有差异，一束光就会比另一束光稍晚回到 B 镜，明暗条纹也将向左或向右移动。

仪器被放置于地球表面，而地球则在空间中快速运动，理论上以太风以与地球运动速度相等的速度吹过该装置。例如，假设以太风从 C 处吹向 B 处（见图 36），而来到达观察点的光速度有什么不同呢。

要记住的是，其中一束光先是逆风而行，然后顺风而回，而另一束光则是在风中来回穿梭，哪个会先回来？

设想有一条河，一艘摩托艇从 1 号码头逆流而上到 2 号码头，然后又顺流而下回到 1 号码头。你可能倾向于认为这两种影响相互抵消，但事实并非如此。为了理解这一点，不妨假设船的速度与水流的速度相等，你会看到 1 号船将永远无法到达 2 号码头。水流速度的存在为往返时间增加了一个"慢化因子"：

$$\frac{1}{1-\left(\dfrac{V}{v}\right)^2}$$

其中，v 是船的速度，V 是水流的速度。[①] 举例来说，如果船的速度比水流快十倍，"慢化因子"为：

$$\frac{1}{1-\left(\dfrac{1}{10}\right)^2}=\frac{1}{1-0.01}=\frac{1}{0.99}=1.01$$

① 用 l 表示两个码头间的距离，逆流时速度为 $v-V$，顺流时速度为 $v+V$，则往返的总时间为 $\dfrac{l}{v-V}+\dfrac{l}{v+V}=\dfrac{2Vl}{v^2-V^2}=\dfrac{2l}{v}\cdot\dfrac{1}{1-\dfrac{V^2}{v^2}}$。

也就是说，往返一次的时间比在静水中要长 1%。

以类似的方式，我们也可以计算回横渡所需时间相比静水情况的延迟。延迟的原因是，为了从 1 号码头到达 3 号码头，船必须略微倾斜一定方向，从而补偿在流动的水中的漂移，如果船速同样是河水流速的 10 倍，这种情况下延迟会少一些，"慢化因子"变为：

$$\sqrt{\dfrac{1}{1-\left(\dfrac{V}{v}\right)^2}}$$

耗时增加 0.5%，也就是说延迟量为上一例子的 1/2。这个公式的证明非常简单，好奇的读者不妨一试。现在，把流淌的河水换成以太，把船换成通过它传播的光波，把码头换成两端的镜子，就会得到迈克尔逊的实验方案。

光束从 B 到 C 再到 B 的"慢化因子"为 $\dfrac{1}{1-\left(\dfrac{V}{c}\right)^2}$，而从 B

到 D 再到 B 的"慢化因子"为 $\sqrt{\dfrac{1}{1-\left(\dfrac{V}{v}\right)^2}}$。其中 c 表示光在以

太中传播的速度，等于 30 万千米 / 秒，而 V 表示以太风也就是地球运动速度，等于 30 千米 / 秒，计算可得两束光的延迟量分别为 0.01% 和 0.005%。对于这样的差异，借助于迈克尔逊的仪器，应该不难区分。

然而让迈克尔逊惊掉下巴的是，干涉条纹纹丝不动。

显然，无论光是沿着还是穿过以太风，都对光的速度没有丝毫影响。

这一事实着实匪夷所思，以至于迈克尔逊本人一开始也不相信，但仔细重复实验后，他必须承认，尽管出乎意料，但这一结果确凿无疑。

唯一可能的解释必须借助于一个大胆的假设：安装迈克尔逊镜子的那个台子在地球运动方向上略有收缩，也就是所谓的菲茨·杰拉德收缩①。事实上，如果距离 BC 收缩了一个系数：

$$\sqrt{1-\frac{v^2}{c^2}}$$

而距离 BD 保持不变，两束光的"慢化因子"将完全相等，干涉条纹也就不会移动。

不过，所谓迈克尔逊"台子收缩了"的话可是说起来容易，理解起来难。诚然，我们确实知道通过介质的运动物体会有一些收缩。例如，受船尾螺旋桨的动力和船头水的阻力双重作用，湖面上行驶的摩托艇会被轻微挤压而变短。但这种机械收缩的程度取决于船的材料强度，比如钢制的船就比木制的船受挤压的程度要小。但在迈克尔逊的实验中，收缩程度只取决于运动的速度，与相关材料的强度毫无关系，不论桌子是石头、铁、木头或什么其他材料，收缩量都是一样的。因此很明显，我们面对的是一个

---

① 以首次提出这一概念的物理学家命名，菲茨·杰拉德（Fitz Gerald）认为这一现象纯粹是运动的机械效应。

普遍的效应，它导致所有运动物体以完全相同的程度收缩。或者换个说法，就像爱因斯坦教授 1904 年所做的描述，需要研究的其实是空间本身的收缩，以相同速度运动物体的收缩仅仅是因为它们都嵌在同一个收缩的空间里。

　　前面两章我们研究过空间特性，有了这些铺垫，希望空间收缩的结论没有让诸位感到过于惊讶。事实上，大家可以把空间想象成有弹性的凝胶，各种物体镶嵌其上，彼此边界分明。当空间因挤压、拉伸、扭曲而变形时，镶嵌其中的物体形状自然而然也以相同的方式发生改变。这种变化源于空间本身，与受外力影响而引起的内部结构改变有着本质区别。图 37 是这种变化的二维示意图，希望对大家的理解有所帮助。

　　然而，尽管空间收缩效应对于理解物理学的基本原理至关重要，但在普通生活中却很难观察到。事实上，在日常经验中，影响我们的最高速度与光速相比也是小到可以忽略不计的。例如，对于一辆以每小时 50 英里行驶的汽车而言，长度是原长度的多少倍呢？$\sqrt{(1-10^{-7})^2}=0.99999999999999$，相当于汽车整长只减

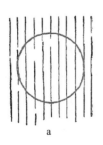

a　　　　　　　b　　　　　　　c

图 37

少了一个原子核的直径！时速超过 600 英里的喷气机收缩的长度只相当于一个原子的直径，时速超过 25000 英里的 100 米长的太空火箭也只会收缩百分之一毫米。

然而，如果假设物体以光速的 50％、90％ 和 99％ 运动，那么它的长度将分别缩小到静止时的 86％、45％ 和 14％。

一位无名作者曾经写过一首打油诗，正是所有高速运动物体收缩效应的真实写照：

> 有个小伙菲斯克，
>
> 出手一剑迅如电，
>
> 无奈空间一收缩，
>
> 长剑变成薄圆片。

当然，这位菲斯克先生必须以闪电般的速度出剑才能看到收缩效应。

从四维几何学看，一切运动物体的缩短是自然而然的结果，空间距离不过是恒定的四维时空距离在空间坐标轴上的投影。大家肯定还记得，以运动的物体为参考系，时空坐标轴就会发生旋转，转过的角度则取决于运动速度的大小。因此，在静止参考系中，四维时空距离百分之百投影于空间坐标轴上，空间距离最大（图 38a）；而在新的参考系中，只要坐标轴转过一定角度，空间坐标轴上的投影或多或少都会变短（图 38b）。

时空坐标系旋转引起了恒定四维长度的空间投影变化。需要切记的是，空间收缩的程度取决于相对运动而不是绝对运动。换句话说，如果某一物体相对于右边的坐标系处于静止状态，那它

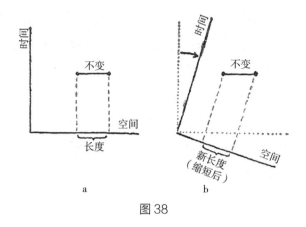

图 38

在该坐标系中的投影就是空间坐标轴的平行线，反倒是在左边坐标系中，它的空间坐标轴投影以同样的比率缩短。

因此，判定两个系统中哪一个"真正"处于运动状态非但没有必要，也的确没有实际的物理意义，因为起作用的正是二者之间的相对运动。如果未来某一天，"星际通信有限公司"的两艘客运飞船在某地相遇，两艘飞船上的乘客都会透过舷窗看到对面那艘飞船因运动而缩短，但也都不会觉得自己坐的飞船变短了。我们也完全没必要争论"真正"变短的到底是哪艘飞船，因为从对面乘客的角度来看，两艘船都变短了，但本船乘客却完全没有这样的感觉。①

四维时空理论也能很好地解释为什么只有速度接近光速时，

① 当然，这都是理论上的情况。实际上，如果两艘飞船的速度真有如此之快，任何一艘飞船上的乘客都根本无法看到对面的飞船，这和看步枪发射的子弹一样，更遑论出膛子弹的速度远远小于光速。

空间的长度才会有较为明显的改变。事实上，时空轴线所转过的角度是由运动系统的空间距离与时间距离之比决定的。如果以英尺为单位测量距离，以秒为单位测量时间，那么这个比率无非就是以英尺/秒表示的普通速度。但是，四维时空的时间轴上，时间距离等于普通时间乘以光速，也就是说，要算出那个决定坐标轴旋转角度的比值，以"英尺/秒"为单位的速度还得相应地除以光速。因此，只有当两个运动系统的相对速度接近光速时，旋转角及其对距离的影响才会变得明显。

时空坐标轴的转动不仅影响空间距离的测量，也会改变时间间隔。不难证明的是，第四维坐标本质上是虚数，因此当空间距离缩短时，时间间隔则会变大。如果有一个安装在快速移动的汽车上的时钟，它将比地面上的类似时钟走得慢一些，两个连续刻度之间的时间间隔将被拉长。与长度缩短的情况一样，动钟变慢是一个普遍效应，它只取决于运动速度的快慢。现代的腕表、老式的钟摆或者装着流沙的沙漏，只要它们以相同的速度运动，就会以完全相同的方式变慢。当然，这种效果并不局限于我们称之为"时钟"和"手表"的用于测量时间的特殊机械装置；事实上，所有的物理、化学或生物过程都会以同样的程度减慢。因此，在快速运动的火箭飞船上煮早餐鸡蛋时，鸡蛋内部的反应过程也一样会变慢，不会因为手表的变慢而担心它被煮得过熟。因此，你完全可以继续信赖你的手表，把鸡蛋放在沸水中煮5分钟，得到的还是你一直称为"5分钟鸡蛋"的东西。之所以在这里用火箭飞船而不是火车的餐车作为例子，是因为和长度的收缩一样，时间的膨胀只有在接近光速的速度下才会变得明显。

影响时间膨胀和长度缩短本质上是同一个因子 $\sqrt{1-\dfrac{v^2}{c^2}}$，只不过后者相乘，前者相除。

如果一个人跑得足够快，当对他而言长度变为二分之一时，时间一定会膨胀为原来的两倍。

运动系统中时间速度的减慢对星际旅行有个有趣的影响。假设你决定访问天狼星（Sinus）的某颗卫星，它离太阳系有 9 光年的距离，你使用的是一艘几乎可以以光速飞行的飞船。你大概会认为，往返天狼星至少需要 18 年的时间，所以打算带着大量的食物。然而，如果飞船的确可以接近光速飞行，这些储备就毫无必要。事实上，如果运动速度达到光速的 99.99999999%，你的手表、心脏、肺、消化系统甚至心理过程都将被放慢到目前的七万分之一。因此从地球上看，往返天狼星足足要花十八年，而对你来讲那不过几个小时而已。实际情况可能是，你吃过早餐乘飞船出发，到天狼星系中某个卫星时刚好有点饿，正好午餐狼吞虎咽一番，然后你思乡心切匆匆返航，回到地球还能赶上晚饭。不过，如果你已经忘记了相对论原理的话，到家准得大吃一惊：亲戚朋友似乎早已把你忘记，甚至以为你已迷航在茫茫的星辰大海，因为他们已习惯了没有你的晚餐，而且一吃就是 6570 顿。"天上一日，地上一年"，甚至远远不止，对于接近光速飞行的你来说，1 天足足等于地球上的 18 年。

那么要是运动速度超过光速又当如何呢？答案就在另一首相

对论打油诗中。

> 年轻女孩布莱特，
>
> 跑得巨快超过光。
>
> 一天她又跑出去，
>
> 归来竟寐昨夜床。
>
> 听来就是如此怪，
>
> 一切缘由问爱翁。

可以肯定的是，如果接近光速能使运动系统中的时间更慢，那么超光速就可以使时间倒流！由于毕达哥拉斯根号下代数符号发生了变化，时间坐标将变成表示空间距离的实数，而空间坐标则变成表示时间间隔的虚数。

如果这一切皆有可能，爱因斯坦当然有望变尺为钟，就像图33一样，只不过前提是他真的能超光速前进。

但是物理世界总归还不至于那么疯狂，这种魔法表演显然是不可能的，可以用一句话简单地概括：没有任何物体的运动速度可以等于或超过光速。

这一自然界基本法则的物理学基础是：大量实验证明，物体的运动速度会增大其惯性质量，进一步的加速也就变得愈加困难，当速度接近光速时，这一质量将会大到超乎想象。因此，如果一颗左轮手枪子弹的运动速度达到光速的 99.99999999%，它的惯性质量将等于一枚 12 英寸的炮弹。而速度达到光速的 99.99999999999999% 时，我们的小子弹将相当于一辆重载的货运汽车。无论对子弹做出多大的努力，我们也永远无法征服最后一位小数，使它的速度完全等于宇宙中所有运动速度的上限！

3. 弯曲空间和引力之谜

　　这几十页着实有点烧脑，如果有可怜的读者觉得自己在四维坐标系中有点不知东南西北了，为表歉意，我们不妨到弯曲空间去走走。每个人都知道什么是曲线和曲面，但"弯曲空间"又是什么鬼？想象这种现象的困难并不在于概念本身有什么古怪，而是因为我们一直就在空间之中，"当局者迷"，无法像对曲线或曲面那样"从外部"进行观察。那又怎么理解我们所处的三维空间的弯曲呢？

　　还是老办法，先看看二维的平面人是怎么做的。图 39a 和 39b 中，分别展示了平面和球面上二维科学家是如何研究他们的二维空间的。可供研究的最简单的几何图形是三角形，也就是由三条直线连接三个几何点形成的图形。你们可能还记得高中的几何知识，平面任何三角形三个内角之和总是等于 180°。然而，上述定理显然并不适用于球面三角形。举个例子，从极点出发的两条线和一条纬线相交形成的球面三角形两个底角均为直角，顶角可以是 0~360° 的任何角度。在图 39b 中两位二维科学家正在研究的特殊例子中，三个角总和等于 210°。二维科学家正是由此发现球面的弯曲，而不需要真正从外面看它是不是曲面。

　　将上述观察结果应用于一个多维空间，我们很自然地得出结论：生活在三维空间的人类科学家也可以确定空间的弯曲，无须跳出到四维空间，只需测量空间中连接三点的直线之间的角度即可。如果这三个角总和等于 180°，则空间是平坦的；否则空间必然是弯曲的。

　　但是在进一步论证之前，首先要详细讨论一下直线这一表述的确切含义。观察图 39a 和图 39b 所示的两个三角形中，哪个才是真正的直线呢？读者可能会说，平面三角形（见图 39a）的边

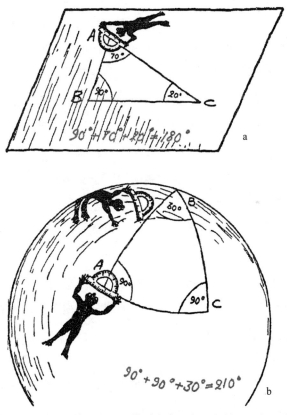

图 39　平面和球面上，二维科学家正在研究关于三角形中
三个内角之和的欧几里得定理

是真正的直线，而球面三角形（见图 39b）的边实际上是弯曲的，是球面大圆的弧。①

　　这种基于常识性几何的说法，将使二维科学家们失去发展二维空间几何的任何可能性。直线的概念需要一个一般性的数学定义，这个定义既要保持欧几里得几何学的地位，还要能够扩展到包括表面和更复杂空间中的线。我们将"直线"定义为表面或空间中两点之间距离最短的线，在平面几何学中，它与欧几里得的普通"直线"别无二致；但在更复杂的曲面上，情况发生了变化。为了避免引起误解，测地学中最早将球面上这样的"直线"命名为测地线。事实上，当我们说到纽约和旧金山之前的直线距离时，一定指的就是沿地球表面曲线形成的"直线"，万万不会试图用巨大的矿工钻头给地球笔直地戳个窟窿。

　　所谓"广义直线"或者"测地线"定义中两点之间的最短距离也不难理解，无非就是在两点之间绷紧一根绳子而已：平面上得到的自然是普通的直线，而球面上得到的也一定是沿着大圆弧方向的测地线。

　　同样的办法也可以验证我们所处的三维空间是平坦的还是弯曲的。所需要的就是在空间的三点之间拉三根绳子，看看形成的角度之和是否等于 180°。然而实验中还有两个必须注意的问题：一是实验范围要足够大，巨大的圆上很小的弧完全可以近似为直线，同样的，如果范围不够大，曲面或空间中的小块区域当然也

---

① 大圆是指通过球体中心的平面与球面相截得到的圆。赤道和经线就是这样的大圆。

就无限趋近于平面，用谁家的后院可显然测不出来地球曲率；二是测量要尽可能全面，因为表面或空间并不一定处处相同，完全可能既有一马平川之处、也有曲率明显之所。

爱因斯坦在创立弯曲空间理论时提出了一个伟大的想法，物理空间会因质量的存在发生弯曲，空间曲率与质量分布相关，质量越大，曲率越大。为了验证这一假设，我们可以在某个漂亮的大山周围钉上三根桩子，然后在三根桩子之间各拉一根绳子（见图 40a），测量绳子形成的角度。你尽管选择能找到的最大的山——甚至可以是喜马拉雅山脉中的某一座——你会发现，在误差允许的范围内，绳子交汇处的三个角度之和正好是 180°。然

a

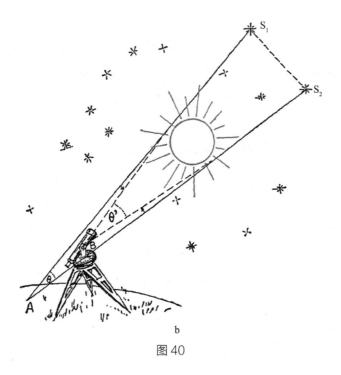

图 40

而，这个结果并不一定意味着爱因斯坦是错的，也不能因此判定大质量的存在并不会使周围的空间发生变化。也许即使是喜马拉雅山也不能使周围的空间产生足够的曲率，以至于最精确的仪器也无法测量出这种偏差。还记得伽利略用两个遮光灯测量光速的失败吗？道理是一样的。

因此，不要灰心，换更大的质量再试一次，比如说太阳。

瞧好吧！这次准能成功！你会发现，把一根绳子从地球上的某个点拉到某颗恒星上，然后拉到另一颗恒星上，再回到地球上的原点，使太阳被圈在三角形的范围内，三个角的总和将明显不同于180°。如果没有足够长的绳子，你也可以用一束光来代替绳子，因为光学告诉我们光路总是最短的。

实验原理如图 40b 所示，来自两颗恒星 S_1 和 S_2 的光线位于太阳的两侧，在光线的交汇点用一个经纬仪测量它们之间的角度。稍后，当太阳离开时，再重复这个实验，然后比较两个角度。如果角度之间存在不同，我们就可以证明太阳的质量改变了周围空间的曲率，使光线偏离了它们原来的路径。该实验设想最早由爱因斯坦提出，目的当然是检验他的理论。图 41 的平面示意图应该能帮助各位读者更好地理解这一设想。

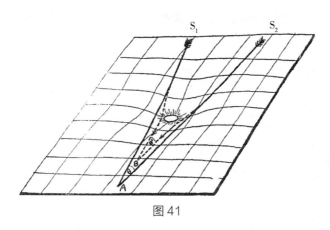

图 41

然而，在正常情况下执行爱因斯坦的建议有一个明显的实际障碍：太阳太亮了，无法看到它周围的星星，好在日全食期间，恒星在白天也是清晰可见的。利用这一事实，一个英国天文探险队于 1919 年在西非普林西比群岛进行了观测，那里是当年日全食最好的观测点。测量结果显示两颗恒星之间的角度差为 $1.61'' \pm 0.30''$，而爱因斯坦的理论预测为 $1.75''$。在后来的日子里，不同的探险队也得到了类似的结果。

当然，1.5″的角度并不大，但它足以证明太阳的质量确实迫使它周围的空间发生了弯曲。

如果能用其他更大的恒星来代替太阳，那么三角形三个内角之和，就会出现几分甚至于超过一度的差别。

对于一个内部观察者而言，习惯弯曲的三维空间等概念是需要一些时间和大量的想象力的，但一旦你理清了思路，它就会像经典几何学中任何其他熟悉的概念一样清晰而明确。

现在只需要再向前迈出重要的一步，我们就能完全理解爱因斯坦的弯曲空间理论及其与万有引力之间的关系。要做到这一点，我们必须记住，现在讨论的三维空间只是四维时空世界的一部分。空间本身的弯曲也只是更普遍的四维时空弯曲在空间中的反映，而表征光和物体运动的四维世界线也只是超空间"测地线"的必然形态。

从这个角度出发，爱因斯坦得出了一个重要的结论：引力现象只不过是四维时空世界的弯曲。事实上，现在我们或许可以抛弃"太阳直接对行星产生引力，使之绕太阳作圆周运动"这个不太准确的旧说法，更准确的描述应该是：太阳的质量弯曲了周围的时空，行星的世界线看起来之所以是图30中的样子，仅仅是因为那个弯曲空间中的测地线就是这样的曲线。

因此，引力作为一种独立的力的概念完全从我们的脑海中消失了，取而代之的是空间的纯几何概念，在因大质量物体的存在而产生的弯曲空间中，所有物体沿"直线"或者说测地线运动。

4.闭合空间和开放空间

在结束本章之前，我们简单讨论一下爱因斯坦时空几何学的另一个重要问题：宇宙是有限的还是无限的。

到目前为止，我们一直在讨论的都是大质量附近的局部空间弯曲，就好比宇宙是张大脸，脸上长了不少"空间青春痘"。但是，除了这些局部的偏差之外，整个宇宙是平坦的？还是弯曲的？如果是弯曲的，又是以什么方式弯曲呢？

在图 42 中，我们给出了带有"青春痘"的平坦空间和两种可能的弯曲空间。所谓的"正曲率"空间对应于球体或其他任何封闭的几何图形的表面，无论人们朝哪个方向走，都会"以同样的方式"弯曲。相反，"负曲率"空间在一个方向上向上弯曲，在另一个方向上却向下弯曲，看起来就像一副西式马鞍。如果你切出两块皮革，一块来自足球，另一块来自马鞍，试着在桌子上把它们压平，你就可以清楚地意识到这两种类型的弯曲有什么区别。如果既不允许拉伸也不能起褶子，两块皮革都永远无法被压平。足球皮中间的物料明显不够，得抻开一些；马鞍面中间的物料又显得过于富裕，总会起褶子。

换一个视角：以某一点为中心，向外等距离拓展，1 英寸、2 英寸、3 英寸……然后数数相应区域内"青春痘"的数量。如果是曲率为零的平面，"青春痘"数量应该正好与距离的平方成正比，1∶4∶9……但在球面上，增长速度则要慢一些；在鞍面上，增长速度又要快许多。因此，二维科学家们虽然走不出他们生活

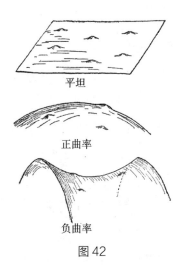

平坦

正曲率

负曲率

图42

的平面，却能够通过计算不同半径内的"青春痘"数量判断弯曲状态。当然，他们也可能用三角形内角和来判断，就像我们上一节中看到的：球面三角形内角和总是大于180°，鞍面三角形内角和总是小于180°。

曲面得到的结果完全可以推广到弯曲的三维空间，相应性质如下表所示。

空间类型	尺度特征	三角形内角和	体积增长速度
正曲率（类似于球面）	自行闭合	>180°	比半径的立方慢
平坦（类似于平面）	无限延展	=180°	等于半径的立方
负曲率（类似于鞍面）	无限延展	<180°	比半径的立方快

这张表有助回答一个非常有用的问题，那就是我们所生活的宇宙究竟是有限的还是无限的。我们将在第十章研究宇宙大小时详细讨论这一问题。

第三部分

微观世界

Part 3 Microcosmos

第六章
下降的阶梯

1. 希腊人的观点

在分析物质的特性时，人们从熟悉的"正常大小"的物体开始，并逐步进入其内部结构，探寻人类肉眼看不到的所有物质的特性与起源。那就从端上餐桌的一碗蛤蜊汤开始吧！选择蛤蜊汤并不是因为它味道鲜美、营养丰富，而是因为它是个异质材料的好例子。即使不用显微镜，你也可以看到蛤蜊汤是许多不同成分的混合物：蛤蜊肉片、洋葱丁、番茄丁、芹菜碎、土豆粒、胡椒颗粒、小油珠……全都混合在咸水溶液中。

我们日常生活中遇到的大多数物质，特别是有机物质，在许多情况下都是不均匀的，只不过通常需要借助显微镜才能观察到这一点，即使在小倍数的显微镜下，你也会发现牛奶是一种悬混乳状液体，里面有均匀的白色液体，也有小油滴。

普通的花园土壤中则含有石灰石、高岭土、石英、氧化铁和其他矿物及盐类的微小颗粒，当然也不乏动植物腐烂后形成的有机质。如果擦亮一块普通花岗岩的表面，你会看到这是由三种不同物质（石英、长石和云母）的小晶体组成的石头，它们牢固地黏合在一起成为一个固体。

在对物质内部结构的研究中，弄清混合物的构成只是第一步，也是下降阶梯的第一层，接下来需要对组成混合物的那些均匀成分进行研究。对于真正均匀的物质，如一段铜线、一杯水或充满房间的空气（当然要忽略悬浮的灰尘），在显微镜下都是完全一致的，没有其他不同成分。事实的确如此，将一段铜线或者什么别的固体（只要不是玻璃等非晶体）放在显微镜下，你就能看到所谓的微晶结构。它们都是由相同的物质组成的，铜线中都是铜晶体，铝锅里都是铝晶体，抓一把食盐，你在显微镜下也只能看到氯化钠晶体。运用一种叫作"慢结晶"的特殊技术，人们可以随心所欲地制造出足够大的盐、铜、铝等的晶体，这样的"单晶"物质将始终保持均匀一致，看起来就像水或者玻璃一样。

但是肉眼或显微镜的观察，是否足以支撑物质是由同一种东西组成的结论？再用倍数更大的显微镜，结论是否依然如此？换句话说，我们是否可以相信，无论拥有多少铜、盐或水，它们总是具有与较大样本相同的特性，并且总是可以进一步细分为更小的碎片？

最早提出这个问题的人，是大约 2300 年前的希腊哲学家德谟克利特（Democritus）。而且，他认为：无论某种物质看起来多么均匀，它都是由大量独立的、非常小的颗粒组成的，至于大量是多大？他不知道。非常小是多少？他也不知道。德谟克利特把这种小颗粒称之为"原子"或"不可分割之物"。这些原子或不可分割之物在各种物质中的数量不同，造成物体质量等的宏观差异，但本质上火原子和水原子是一样的，所有物质都是由相同的永恒原子组合而成。

与德谟克利特同时代的恩培多克勒（Empedocles）则认为，原子并非只有一种，而是存在几种不同的原子，这些原子以不同的比例混合在一起，才形成了各种各样的已知物质。

恩培多克勒还根据当时已知的化学事实，给出了4种不同类型的原子，分别对应当时人们认为的4种基本物质：土、水、空气和火。

这一观点能解释当时的很多现象，例如，土壤是土原子和水原子的组合，一个原子一个原子地紧密混合在一起，混合得越好，土壤就越肥沃。从土壤中生长出来的植物将土原子和水原子与来自太阳光的火原子结合起来，形成木质材料的复合分子。干燥木材的燃烧则是木材分子的分解或破碎，其中的水原子消失，变成原始的火原子和土原子，水原子在火焰中逃逸，留下的土原子则成为灰烬。

现在我们知道，对植物生长和木材燃烧的这种解释，在科学萌芽的那个早期时代看起来非常合乎逻辑，但实际上是错误的。植物在其生长过程中所使用的大部分材料，不是像古人认为的那样来自土壤，而是来自空气。土壤本身给植物的支持，除作为一个水库之外，只贡献了植物生长所需的一小部分特定种类的盐，只需要顶针大小的一块土壤，就能培植出一棵很大的玉米。

事实上，空气也不是古人认为的一种简单元素，而是氮气和氧气的混合物，也会有一定量的二氧化碳，后者则由氧原子和碳原子组成。在阳光的作用下，植物的绿叶吸收大气中的二氧化碳，并与根部吸收的水分发生反应，形成各种有机物，植物就是由这些有机物构成的。这个过程中会产生新的氧气，这也就是"房间里的植物使空气清新"的原因。

当木材燃烧时，木材中的分子再次与空气中的氧气结合，生成二氧化碳和水蒸气，并在高温火焰中逸出。

至于古人认为进入植物物质结构中的"火原子"则根本就不存在。阳光只提供了分解二氧化碳分子所需的能量，从而使这种大气中的"食物"能够被生长中的植物所消化；而且，由于火原子并不存在，当然也就没有什么是火原子的"逃逸"，火焰实际上只是大量的受热气体，而燃烧过程释放的能量让这些气体变得清晰可见。

古代和现代关于化学转化观点之间的类似差异例子还有很多，再举一个例子。我们知道，不同的金属是通过在高炉中经受高温而从相应的矿石中获得的。乍一看，大多数矿石似乎与普通岩石没有什么不同，因此，古代科学家理所当然地认为矿石是由与其他岩石相同的石料制成的。然而，当把一块铁矿石放入火中时，他们发现从中产生了与普通岩石完全不同的东西——一种坚硬的物质，用它可以制造出好刀和矛头。对这一现象最简单的解释就是，这种金属是由石头和火结合形成的——换句话说，这种金属的分子中包含有土原子和火原子。

他们还据此解释了不同金属如铁、铜和金的不同品质，认为它们是由不同比例的土原子和火原子组成的，闪亮的金子肯定比暗淡无光的铁含有更多的火原子，这难道不是很明显吗？

如果是这样，为什么不在铁中加入更多的火，或者在铜中加入更好的火，把它们变成珍贵的黄金呢？基于这样的推理，中世纪的炼金术士在烟熏火燎的炉灶上花费了大量时间，无一不是试图用更便宜的金属制造"人造黄金"。

在他们看来，自己的工作与现代化学家开发合成橡胶的方法一样合理，他们理论和实践的谬误在于相信金和其他金属是复合物质，而不是基本物质。但是，如果没有尝试，怎么可能知道哪种物质是基本物质，哪种物质是复合物质呢？如果不是这些早期的化学家把铁铜变成金银的徒劳尝试，我们可能永远不会知道金属是基本的化学物质，也永远不会知道含有金属的矿石是由金属原子和氧气（现代化学家所说的"金属氧化物"）结合而成的。

在高炉的高温下，铁矿石转变为金属铁，并不是像古代炼金术士认为的那样，是土原子和火原子结合到了一起，恰恰相反，这个过程是原子分离的结果，是从氧化铁的复合分子中去除氧原子。同样地，暴露在潮湿环境中的铁制品表面生出铁锈，也并不是因为铁制品分解过程中火原子"逃逸"出去留下了土原子，而是由于铁原子和空气或水中的氧原子结合形成了复合氧化铁分子。[1]

从上面的讨论中可以看出，古代科学家对物质的内部结构和化学转化性质的概念，基本上是正确的，他们的错误在于找错了基本元素。事实上，恩培多克勒所列举的 4 种基本物质中没有一种是现实中的基本物质：空气是几种不同气体的混合物；水分子由氢和氧原子组成；岩石的成分非常复杂，涉及大量不同的元素；火原子则根本不存在。[2]

实际上，自然界中存在的不是 4 种而是 92 种不同的化学元素，也就是 92 种不同的原子。这 92 种化学元素中，有一些在地球上随处可见，如氧、碳、铁和硅。大多数岩石中都会有这些元素，每个人都很熟悉；其他的则非常罕见，你甚至可能从未听说过镨、镝或镧等元素。除了天然元素之外，现代科学还帮助人们制造了一些全新的化学元素，其中一种被称为钚，它

---

[1] 一个炼金术士会用以下反应式来表示铁矿石的加工过程：
（<u>土原子</u>）+（火原子）→（铁分子）
　矿石
铁的生锈表示为：
（铁分子）→（<u>土原子</u>）+（火原子）
　　　　　　　铁锈
而我们知道真实过程的反应式应该是：
（<u>氧化铁分子</u>）→（铁原子）+（氧原子）
　　铁矿
和
（铁原子）+（氧原子）→（<u>氧化铁分子</u>）
　　　　　　　　　　　　　铁锈

[2] 当然本章后面我们还会看到，火原子的概念在光量子理论中又得以部分再生。

注定将为释放原子能发挥重要作用。当然，有和平的方式，也有战争的阴霾，本书稍晚将详细介绍。92 种基本元素的原子以不同的比例相互结合，形成了数量无限的各种复杂的化学材料，如水和黄油、油和土壤、石头和骨头、茶叶和 TNT，以及其他许多有机物，如三苯基氯化铵和甲基异丙基环己烷——一个好的化学家必须熟记这些术语。原子的组合无穷无尽，为了总结它们的性质、制备方法之类的知识，人们正在编制一本又一本的化学手册。

2. 原子有多大?

当德谟克利特和恩培多克勒谈到原子时，其实只是一种模糊的哲学思想，类似于一个分解过程中，物质不可能被分割成越来越小的碎片，总要达到一个不可分割的最小单位。

当现代化学家谈到原子时，指的则是更明确的东西，对基本原子及其在复杂分子中组合情况的精确了解，有助于理解化学的基本规律。人们发现，不同的化学元素只能按确定的重量比例结合在一起，这些比例反映了这些物质对应独立原子的相对重量。例如，氧、铝和铁的原子必须分别是氢原子质量的 16 倍、27 倍和 56 倍。尽管不同元素的相对原子质量代表了最重要的基本化学信息，但以克为单位的实际原子质量在化学工作中却并不那么重要，也不会影响其他化学事实及化学规律和方法的应用。

然而，当一个物理学家考虑原子时，他的第一个问题必然是

"原子的实际尺寸是多少厘米，它们的质量是多少克，在一定数量的材料中，有多少个单独的原子或分子？有没有办法观察、计算并逐一处理原子和分子？"

估算原子和分子大小的方法有很多，其中有一种想法就非常简单，如果当年德谟克利特和恩培多克勒能想到的话，大可亲自试试。假设组成任何物质的最小单位是一个原子，那么将其压成一个薄片，薄片的最小厚度就是一个原子的直径。比方说研究对象是一段铜线，那完全可以尝试拉伸铜线，铜线直径正好等于一个原子直径，或者也可以把它锤成一个原子直径的薄铜叶。这种想法乍一看好像没有问题，事实上却根本没有可行性，因为在达到所需的最小厚度之前，材料早已经断开或者破裂。那有没有别的简单的办法呢？答案就是油膜实验，在液体材料比如水的表面铺上一层薄薄的油膜，薄到正好为单一分子的厚度，其中"单个"分子在水平方向上彼此紧挨在一起。只要足够耐心、足够小心，读者们完全可以自己做做这个简单的实验，相信你也能测量出油分子的大小。具体方法是：

取一个浅长的容器（见图 43），把它放在桌子上或地板上，使其保持绝对水平，把水灌满，在水面上横放一根正好接触到水面的金属丝，在金属丝的一侧滴上一滴油，油就会扩散到水面上，沿着容器的边缘移动金属丝，使其向没有油的一侧移动，油膜会随着金属丝慢慢扩散、越来越薄，直至厚度正好等于一个油分子的厚度，之后铁丝的进一步运动会导致油面的破裂，具体表现是油膜上形成水孔。我们知道一滴油的体积和油膜的面积，即

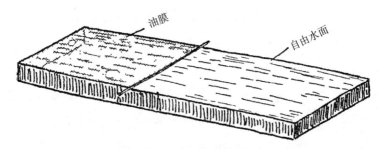

图 43　水面上的油膜在被过度拉伸后会破裂

可轻松地计算出单个油分子的直径。

　　做这个实验时，你还会观察到另一个有趣的现象。当在水面上滴下一些油时，你会发现油面呈现出熟悉的彩虹色，与船舶出入港口的水面上的情况如出一辙。这其实是由于从油层的上表面和下表面反射的光线出现了干涉现象，不同地方的颜色差异也正是由于不同地方油层厚度不同。等到油层慢慢扩散到相同厚度，整个油面的颜色也将趋于均匀、统一。随着油膜不断摊薄，反射光的波长也会不断变短，油面的颜色会逐渐从红色变成黄色，然后依次变成绿色、蓝色和紫色。如果继续扩大油面区域，最终油面上的颜色会彻底消失，这并不意味着油层不存在了，而只是意味着它的厚度已经小于最短的可见波长，颜色已经超出了我们的视觉范围。但是你仍然能够分辨覆有油膜的水面，因为薄油层的上表面和下表面反射的两束光将导致光照总强度降低，与纯洁的水面相比，有油膜覆盖的水面在反射光中显得更加"暗淡"。

　　实验中，你会发现 1 立方毫米（mm^3）的油可以覆盖大约 1

平方米（m²）的水面。①

3. 分子束

　　证明物质分子结构还有另一个有趣的方法，可以研究气体和蒸气通过小孔喷入四周的真空环境。

　　先假设有一个大的玻璃泡泡（见图44），里面放置了一个由黏土圆筒组成的小电炉，其壁上有一个小孔，圆筒周围有一根电阻丝用来加热电炉。在电炉中放置一块低熔点的金属，如钠或钾，圆筒的内部就会充满金属蒸气，金属蒸气将通过圆筒壁上的小孔泄漏到玻璃泡泡的内部空间中。与玻璃泡泡的冷壁接触时，蒸气会黏在上面，在玻璃壁形成薄薄的镜面沉积物，这一方法可以间接说明金属蒸气的运动形态。

　　此外，我们还会看到，随着电炉温度的改变，玻璃壁上的薄膜分布会有所不同。当炉子非常热时，金属蒸气就像茶壶或蒸汽机中逸出的蒸汽，从开口处向各个方向扩散（见图44a），最终填满玻璃泡泡的空间，并在表面形成基本均匀的沉积物。

　　然而，在较低的温度下，当炉内蒸气的密度较低时，情况完全不同。从孔中逸出的蒸气不再向四面八方扩散，而是沿着一条

────────────

① 那么，油层在破裂之前有多薄？按照计算，将1立方毫米的油设想为一个立方体，其每个面为1平方毫米。为了将原来的1立方毫米的油拉伸到1平方米的面积上，与水面接触的1毫米见方的油立方体的表面必须扩大1000倍（从1平方毫米到1平方米）。因此，原始立方体的垂直尺寸必须减少到$1000 \times 1000 = 10^6$毫米，以保持总体积不变。这提供了该层的极限厚度，因此油分子的实际尺寸大约为0.1×10^{-6}厘米$=10^{-7}$厘米。由于一个油分子由几个原子组成，所以原子还要更小一些。

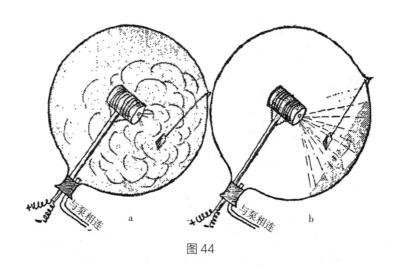

图44

直线扩散，大部分都沉积在面向炉口的玻璃壁上。在开口前放置一些小物体（见图44b），这一现象将更加明显，物体背后的玻璃壁上基本不会形成沉积物，相应区域与遮挡物体阴影的形状完全一致。

我们都知道，金属蒸气的本质就是空间中各个方向不规则运动的分子集合，那就可以很容易理解气体在高密度和低密度下逃逸行为的差异。当蒸气的密度很高时，从开口处出来的气流恰如疯狂的人群冲出失火剧院的安全出口。出门后，人们向各个方向散开时仍然会相互碰撞。而当气流密度较低时，一次只有一个人过门而出，因此可以不受干扰地通行。

通过炉口的低蒸气密度的物质流就被称为"分子束"，由大量独立的分子并排飞过空间形成，这种分子束对于研究分子特性非常有用。例如，人们可以用它来测量热运动的速度。

奥托·施特恩（Otto Stern）首先建造了一个用于研究这种分子束速度的装置，它与斐索测量光速的装置几乎完全相同（见图31）。装置由两个共轴齿轮组成，其排列方式使分子束只有在特定旋转角速度下才能一一通过（见图45）。通过用膜片拦截来自这样一个仪器的分子束，施特恩证明分子运动的速度通常是非常高的（200℃的钠原子的运动速度为1500米/秒），并且该速度还会随着气体温度的升高而增加。这为热的动力学理论提供了直接证明，说明一个物体热量的增加仅仅是其分子不规则热运动的增加。

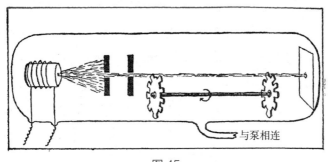

与泵相连

图45

4. 原子摄影

尽管上述例子足以说明原子假说的正确性，但"眼见为实"显然更有说服力；因此，如果想证明原子和分子的存在，最好还是能让人亲眼看到它们。摄影重任最终落到了英国物理学家W. L. 布拉格（W. L. Bragg）身上，他用自己设计的晶体分子、原子摄像法实现了这个目标。

　　千万不要认为拍摄原子是一项容易的工作，因为要想拍摄小物体，所用光的波长一定要小于被拍摄物体的尺寸，否则照片将变得模糊不清。这就好比总不能用油漆刷子去作工笔画！与微小生物打交道的生物学家非常清楚这一困难，细菌的大小（约0.0001 厘米）就与可见光的波长相当，因此为了提高图像的清晰度，需要在紫外光下拍摄细菌的显微照片。但分子和它们在晶格中的间距更是小到 0.00000001 厘米，可见光和紫外光也束手无策，为了看到分子，必须使用波长更短的 X 射线。

　　但是这里又遇到了一个似乎无法克服的困难。X 射线可以通过任何物质，几乎没有折射，透镜和显微镜都不再能发挥作用。当然这一特性在医学上非常有用，X 射线既不发生折射，穿透力又强，正好用于人体检测。而同样的特性似乎排除了通过 X 射线放大拍摄目标的可能性！

　　乍一看希望的确渺茫，但布拉格找到了一个非常巧妙的方法来解决这个问题。基于阿贝（Abbé）提出的显微镜数学理论，他将所有显微图像视作大量独立图像的叠加，其中每个图像都可表示为拍摄区域内特定角度的一组平行暗纹。图 46 就是个简单的例子，通过这组图片可以看到，四组平行暗纹叠加出了一幅黑暗区域中央的椭圆形亮斑图片。根据阿贝的理论，显微镜的功能包括：① 将原始图片分解成大量独立的带状图案；② 放大每个单独的图案；③ 再次重叠图案，从而获得放大的图像。

　　这个过程与使用若干单色版印刷彩色图片的方法类似，看着每个独立的彩色印刷品，你可能无法分辨出图片实际代表的颜

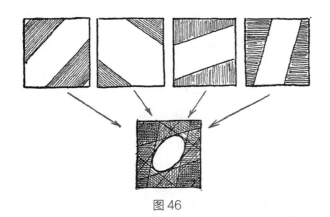

图 46

色，但只要它们以适当的方式重叠，整个图片就能清晰地呈现
出来。

由于无法建造能自动执行所有这些操作的 X 射线透镜，所
以上述设想需要一步一步地进行：首先从不同角度拍摄大量独立
的晶体 X 射线带状图案，然后在一张照相纸上以适当的方式重叠
起来。原理与 X 光透镜别无二致，但透镜可以瞬间完成，而这里
实际上则需要一个熟练的实验者忙活好一阵子。正是出于这个原
因，布拉格的方法只能用来拍摄固定不动的晶体分子照片，无法
拍摄液体或气体中的分子，因为它们总是到处乱跑。

不过实际上，尽管无法一次性成像，但布拉格拍摄的照片
和任何合成照片一样好、一样正确。事实上，如果画幅不够一
次性拍摄一张大教堂照片的话，也没人会反对多次拍摄而后拼
接吧！

在照片 I 中，我们看到一个类似六甲基苯分子的 X 射线图片，
化学家们写下了如下分子结构：

由 6 个碳原子和另外 6 个碳原子相连形成的环，在图片中清晰可见，而较轻的氢原子图像则几乎看不见了。

即使是持怀疑态度的托马斯，在亲眼看到这些照片之后，也不得不相信分子和原子真的存在。

5. 剖析原子

"原子"在希腊语中的意思是"不可分割"，德谟克利特的意思是，这些粒子代表了物质分解的最小极限，换句话说，原子是所有物质的最小组成部分。几千年后，原始哲学思想的"原子"一词被引入科学中来，进而在广泛经验证据的基础上被赋予血肉之躯，原子不可分割的信念也随之而来，人们还为它们设想了各种不同的几何形状。例如，氢原子是球形的，而钠和钾原子被认为是细长的椭球。

除此之外，氧原子被认为具有甜甜圈的形状，中央有一个几乎完全封闭的孔，两个球形氢原子可以轻松放入氧的甜甜圈两侧的孔中，形成一个水分子（H_2O）（见图 47）。钠或钾之所以能取代水分子中的氢，是因为细长的钠原子和钾原子比球形的氢原子更容易装入氧原子的环形孔中。

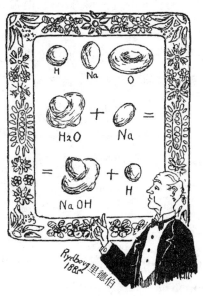

图 47

不同元素光谱的差异，也被归因于不同形状原子振动频率的差异。根据这些观点，物理学家试图从观察到的光谱频率中，得出发光元素不同原子的形状，就像我们可以在声学中解释小提琴、教堂的钟和萨克斯管产生的音色差异一样，但是很可惜，他们并没有成功。

以不同原子的几何形状为基础，解释其化学和物理特性的努力收效甚微，于是人们认识到，原子并不是几何形状各不相同的基本粒子，原子还可以再分，至此才真正迈出了理解原子特性的第一步。

　　解剖原子的第一刀来自著名的英国物理学家 J. J. 汤姆孙（J. J. Thomson），他证明各种化学元素的原子由带正电和带负电的粒子两部分组成，二者通过静电引力固定在一起。汤姆孙将原子设想为一个基本均匀分布的正电荷，内部漂浮着大量的负电荷粒子（见图 48）。他把这种负电荷粒子命名为电子，电子的负电荷之和等于总的正电荷，因此，原子在整体上是电中性的。然而，由于电子相对松散地嵌在原子体上，所以其中一个或几个可以被移除，留下带正电的不完整的原子，也称为正离子。此外，有时原子也会从外部额外获得几个电子，于是就得到多余的负电荷，也被称为负离子。向原子传递过量的正电或负电的过程被称为电离。在法拉第的基础上，汤姆孙证明了，每当原子携带电荷时，电荷总是某一基本电量的倍数，这个基本电量数值上等于 5.77×10^{-10} 个静电单位。但汤姆孙比法拉第走得更远，他把单个粒子的性质赋予了这些电荷，成功从原子体中提取电子，进而研究了在空间高速飞行的自由电子束。

　　汤姆孙对自由电子束研究的一个重要成果是成功估计了电子的质量。首先使用强电场激发电炉丝，产生并发射一束电子，让电子束从充电电容器的两极之间通过（见图 49），由于电子带负电，或者更准确地说它本身就是负电荷，电子会受到电容负极的静电斥力和电容正极的静电引力。

　　在电容后面放置一块荧光屏，已知电子电荷、电场强度，通过观察电子束的偏转即可估计电子的质量，计算结果显示，电子

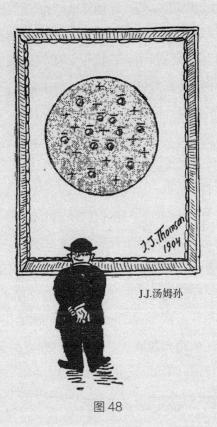

J.J.汤姆孙

图 48

质量确实非常小。事实上，汤姆孙发现，一个电子的质量只有一个氢原子质量的 1/1840，这也直接表明，原子质量的绝大部分都是其带正电荷的部分。

原子内部确实存在不断运动的负电荷粒子，这一点汤姆孙判断得完全正确，但关于正电荷在原子体内的均匀分布，汤姆孙的观点却与事实相去甚远。1911 年卢瑟福（Ernest Rutherford）证明，原子的正电荷及其质量的绝大部分都集中在位于原子中心的一个极小的原子核中。他的这一结论源自著名的 "α 粒子" 散射实验。α 粒子是某些不稳定元素（例如铀或镭）的原子自发分裂而释放的高速粒子，科学家已经证明，α 粒子的质量近似原子质量，而且它携带正电荷，并由此判定 α 粒子必然是原子带正电荷部分的组合之一。α 粒子穿过目标材料的原子时会被其内部的电子吸引，同时又被正电组件所排斥。不过，由于电子实在太轻，所以它们基本无法影响入射 α 粒子的运动，就像一大群蚊子也不可能影响受惊飞奔的大象。另一方面，原子中带正电荷的大质量部分则与入射的 α 粒子的正电荷之间的排斥力相当，所以只要彼此之间的距离足够近，就会造成后者偏离其正常轨道，

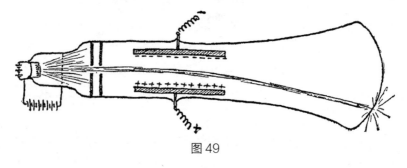

图49

将它们散射到各个方向。

　　然而，卢瑟福用 α 粒子轰击铝箔后发现，实验结果与预想的大相径庭：[绝大多数 α 粒子沿原来的方向前进，但有少数 α 粒子发生了较大的偏转，其中极少数约 1/8000 的 α 粒子偏转角度超过 90°，有的甚至几乎达到 180° 而被反弹回来]①。显然，为了解释观察到的结果，人们必须假定入射的 α 粒子和原子的正电荷之间的距离小于原子直径的千分之一，而这也意味着入射的 α 粒子和原子的正电荷部分的物理大小都只有原子的几千分之一。卢瑟福的发现推翻了汤姆孙"正电荷均匀分布"的枣糕模型，他提出，尺寸极小的原子核位于原子中央，周围环绕着一大群带负电的电子。也就是说，原子不再类似于一个大西瓜，电子也不再是其中的西瓜籽；原子看起来应该更像一个微型的太阳系，原子核代表太阳，电子代表行星（见图 50）。

　　事实上二者相似之处远不止于此，原子核质量占总原子质量的比例约为 99.97%，太阳系的 99.87% 的质量也集中在太阳的身上，围绕原子核运行的电子之间的距离相当于电子直径的几千倍，太阳系内行星间的距离与行星直径的比值差不多也正是这个数。

　　更重要的是，原子核和电子之间的静电引力也好，太阳和行星之间的万有引力也好，都遵循数学上的平方反比定律②，电子围

_____

①　原文没有关于实验结果的描述，为了便于读者理解，译者在此增加了实验结果描述。——译者注
②　力的大小与两个物体之间距离的平方成反比。

E.卢瑟福

图 50

绕原子核在圆形或椭圆形轨道旋转，与太阳系中行星和彗星的运动轨道别无二致。

根据上述原子内部结构的观点，各种化学元素原子之间的差异应归因于围绕原子核旋转的电子数量的不同。原子作为一个整体是电中性的，围绕原子核旋转的电子数量由原子核本身携带的正电荷数量决定，该数量又可以从 α 粒子的散射中估算出来。卢瑟福发现，将化学元素原子按重量依次排列，每个元素则依次增加一个电子。例如，一个氢原子有 1 个电子，一个氦原子有 2个，锂有 3 个，铍有 4 个，依此类推，直到最重的自然元素铀，它共有 92 个电子。[①]

---

① 如果学会了"炼金术"，还可以人为地制造更复杂的原子。比如，用于原子弹的人工元素钚有 94 个电子。

　　代表原子特性的这一数字通常被称为有关元素的原子序数，原子序数与其位置序号相吻合，后者表示根据其化学性质分类排列中的位置。

　　因此，任何元素的物理和化学性质，都可以简单地通过围绕中心原子核旋转的电子数图来描述。

　　19 世纪末，俄国化学家 D. 门捷列夫（D. Mendeleev）注意到，按自然顺序排列的元素化学性质存在着一种显著的周期性，元素性质每隔一定数目后就会开始重复。图 51 生动地表示了这种周期性，其中所有已知的元素符号沿着圆筒表面的螺旋带排列，拥有类似性质的元素都会落在同一列里。可以看到，第一组只包含 2 种元素：氢和氦；接下来的两组，每组分别有 8 种元素；最后，每 18 种元素之后特性又会重复。我们知道，自然序列中，每种元素的原子都比前一种多一个电子，那么自然可以得出如下结论：元素的化学性质之所以会呈现出明显的周期性，必然是因为原子内部的电子，或者说"电子层"拥有某种重复出现的稳定结构。第一层最多能容纳 2 个电子，接下来的两层分别能容纳 8 个电子，再往外的电子层最多能容纳 18 个电子，元素周期性排列形成的螺旋条带重复周期分别是 2、8 和 18。从图 51 中我们还可以发现，进入第 6 组和第 7 组以后，严格的周期性似乎被打乱了，这里的两组元素（稀土元素和锕系元素）必须单独排列。之所以出现这样的异常现象，是因为这些元素原子内部电子层结构特殊且存在内部变化，进而影响了它们的化学性质。后视图单独画出了这两组异常元素（稀土元素和锕系元素）的"周期环"。

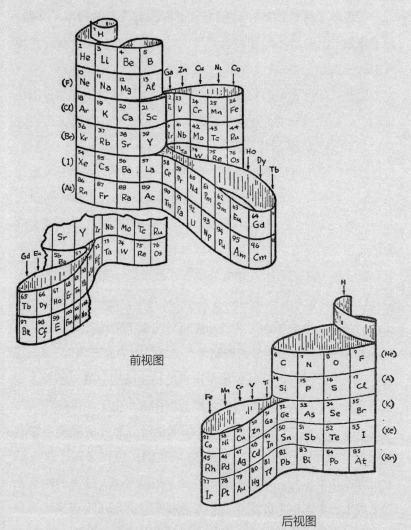

前视图

后视图

图 51　元素周期表，螺旋带清晰地显示了 2、8 和 18 的周期特性。
后视图代表了环状元素（稀土和锕系）的另一面，
这些元素貌似不再符合周期性规律

　　有了原子的结构图，我们可以转头看看组成世界万物的各种分子，它们都由不同元素的原子组合而成，那么是什么力让它们彼此走到一起了呢？例如，为什么钠和氯的原子会黏在一起形成食盐分子？从图52中，我们可以看到，氯原子的第三个电子层少了一个电子（Cl⁻），而钠原子在填满第二个电子层以后，正好有一个多余的电子（Na⁺）。也就是说，来自钠原子的多余电子必然倾向于与氯原子结合，填满后者的第3个电子层。电子带负电荷，失去了一个电子的钠原子带正电荷，得到一个电子的氯原子带负电荷。在静电引力的作用下，两个带电原子（或者说离子）结合起来形成氯化钠分子，俗称食盐，依此类推，氧原子的最外层少了两个电子（O^{2-}），所以它会从两个氢原子处分别"绑架"一个电子，形成一个水分子（H_2O）。换句话说，氧原子通常对氯原子"没兴趣"，氢原子和钠原子彼此也一样不会自行结合，因为前面那两个家伙都贪婪成性"不愿付出"，后面的两种原子又没兴趣"攻城掠地"。

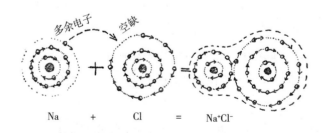

Na ＋ Cl ＝ Na⁺Cl⁻

图52　表示氯化钠分子中钠原子和氯原子相结合的示意图

　　反过来，具有完整电子层的原子，如氦、氩、氖和氙的原子，则显得"知足常乐"，不需要给予也不会接受额外的电子；它们宁愿"孤独"，所以相应的元素（所谓"稀有气体"）具有化学惰性。

在结束关于原子及其电子层的这一节前，我们还要讨论一下原子携带的电子在"金属"中发挥的重要作用。金属与所有其他材料的不同之处在于，其原子的外层电子相当松散，往往可以自由移动。因此，金属的内部充满了大量自由电子，这些电子像一群流离失所的人一样漫无目的地四处游走。当一条金属线的两端受到电的作用时，这些自由电子就会沿着电的方向奔跑，从而形成我们所说的电流。

自由电子的存在也是决定物质是否具有高导热性的关键，这一点我们将在接下来的章节中再详细讨论。

6. 微观力学和测不准原理

正如我们在上一节中所看到的，原子及其电子系统围绕内部中心原子核旋转，与行星系非常相似，因此，我们也很自然地认为，它应该遵循行星围绕太阳运动的那些天文学定律。尤其是，静电引力和万有引力定律都是几近相同的平方反比定律，这表明原子内部的电子必须沿着以原子核为中心的椭圆形轨道运动（见图 53a）。

然而，以行星运动模式为蓝本在原子内部的探索都失败了。甚至人们一度怀疑好像是物理学家或物理学本身出了问题。产生这个问题的主要原因是：与太阳系的行星不同，原子内部的电子带有负电荷，而任何振动或旋转的电荷都会产生电磁辐射，绕原子核旋转的电子也不例外。而随着能量不断衰减，最合理的假设应该是，电子会沿着螺旋形的轨道不断接近原子核（见图53b），最终在动能完全耗尽时落在原子核上。这一过程所消耗的时间与电荷和电子的旋转频率相关，简单的计算结果显示，电子失去所有能量并落在原子核上的时间应该不超过百分之一微秒。

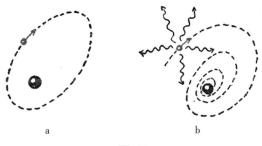

图 53

因此，物理学家曾经笃信，如果原子结构类似于太阳系，那么它只能维持亿万分之一秒的时间，一旦形成就注定要立即崩溃。

但是，尽管物理学理论不无忧虑，然而实验结果表明，原子系统非常稳定快乐地绕着它们的中心核旋转，没有任何能量损失，也没有任何溃灭的迹象。

怎么会这样呢？！为什么将古老而完善的力学定律应用于原子中的电子，就会导致理论与事实相互矛盾呢？

为了回答这个问题，我们必须转向科学的最基本问题：也就是科学的本质，究竟什么是"科学"，我们对自然事实的"科学解释"又是什么意思？

举个简单的例子，比如，古希腊人相信地球是平的。你很难责怪他们，因为要是你走进一片旷野，或者在开阔的水面上航行，除了山峦偶尔的起伏外，你也会亲眼见证，地球表面看起来的确是平的。古人的错误不在于他们认为"某人在给定观察点看到的地球是平的"，而在于他们不科学地将这一结论推广到了观察的范围以外。事实上，只要做一些超出日常经验范围的观察，譬如说研究月食期间地球投在月面上的影子，或者做一次麦哲伦著名的环球航行，立即可以证明这样的推广是错误的。现在我们说，地球看起来是平的，只是因为我们只能看到地面上很小的一部分。还有一个类似的例子，我们在第五章中曾经讨论过的，宇宙中的空间可能是弯曲且有限的，但从我们有限的观察范围来看，宇宙显然是平坦而无限的。

但是，这一切与我们正在研究的电子力学行为有什么关系呢？答案是，在这些研究中，我们隐含地假设，原子运动遵循的规律与那些支配大型天体运动的规律完全相同，或者说，我们把日常生活中习惯于处理的"正常大小"物体的运动推广到了微观领域。但事实上，我们所熟悉的力学定律和概念，是根据经验和与人类大小相当的物体建立的，同样的定律后来被用来解释更大物体的运动，如行星和恒星。再后来天体力学的成功使我们能够以最精确的方式计算各种天文现象，甚至可以推算天体几百万年前后的过去和未来，似乎也没有人怀疑这种推广。

但我们又如何保证，用来解释巨大天体以及炮弹、钟摆和玩具陀螺运动的力学定律，也将同样适用于比我们手中最微小的机械装置小几十亿倍、轻几十亿倍的电子运动呢？

　　当然，我们没有理由事先假设"不适用"，经典力学定律的确可能解释原子内部的运动；但同时，如果这种失败真的发生了，我们也不必太过惊讶。

　　因为，经典力学本来就是天文学家解释太阳系中行星运动的理论，现在只是想当然地被用来解释电子的运动，导致一些貌似矛盾的结果本就无可厚非。在这种情况下，其实我们首先应该考虑的是，将经典力学应用于这种微小的粒子时，基本概念和定律是否需要改变。

　　经典力学中有两个基本概念，一是描述物体运动的轨道，二是物体沿轨道运动的速度。任何运动的物体在任何给定的时刻都在空间中占据一个确定的位置，并且这个物体的各个位置形成一条被称为轨道的连续线，这个命题一直被认为是正确的，构成了描述任何物体运动的基础。一个给定物体在不同时刻的两个位置之间的距离，除以相应的时间间隔，得到的就是速度，所有经典力学都建立在位置和速度这两个概念上。可能没有任何科学家想过，这些用于描述运动现象的最基本概念，可能在某种程度上本身就是不正确的，甚至哲学家们也习惯于把它们视为"先验"的。

　　然而，试图将经典力学定律引入原子内部微观运动的失败表明，在微观世界，这些理论是"错误"的，而且这种错误甚至可以一直追根溯源到经典力学的基础概念。经典力学认为，运动物体必须有一个的连续轨道，在任何给定时刻都有明确的速度，这都是基本的运动学概念。然而，把这些概念运用于原子内部的力学分析还是似乎过于粗糙了。简而言之，要想把经典力学思想推广到微观领域，我们必须有些颠覆式的创新思维。不仅如此，如果经典力学的旧观念不适用于原子世界，那么他们对于较大物体运动的分析演绎也不可能是绝对正确的。所以结论就是，经典力学的基本原理只是"真实事物"的近似理论基础，而进入更小的微观系统之后，这种近似理论不再奏效了。

原子系统力学特性研究和"量子力学"的构建为科学奠定了新的基础。"量子力学"的起源在于，科学家们发现，两个不同物体之间的任何相互作用都存在一个确定的下限。这一发现彻底颠覆了物体运动轨道的经典定义。事实上，如果说运动物体拥有一条数学意义上的精确轨道，那就意味着我们有可能利用某种专门的物理设备来记录它的运动轨道。但是，记录轨道的行为必然干扰物体的运动，而根据牛顿的作用力与反作用力定律，对运动物体的记录必然是因为物体对设备施加了某种影响，相应的，设备也会对物体产生反作用力。按照经典物理的假设，运动物体和记录其运动的设备尺寸不受限制，可以任意缩小，我们或许可以设想一种非常灵敏的理想设备，它既能记录运动物体的连续位置，又完全不会干扰运动物体的运动。

但是，物理相互作用下限的存在彻底改变了这一切。我们不能再把设备引起的运动干扰减少到一个任意小的数值，这样一来，观察对运动的干扰也就变成了运动中不可或缺的一部分，物体运动的轨道也不再可能是数学意义上一条无限细的线，而是变成了厚度无法忽略的"弥散的轨迹带"。

当然，物理相互作用下限是个非常小的数值，我们通常称其为"作用量子"（quantum of action），作用量子只有在研究微观物体的运动时才显得异常重要。因此，尽管左轮手枪子弹弹道不是一条数学上的细线，但弹道"厚度"确实远远小于子弹中单个原子的大小，我们完全可以假定子弹运动轨迹的"厚度"实际上就是零。然而，对于更轻的物体，它们更容易受到测量产生的干扰，轨道"厚度"也随之变得越来越重要。具体到原子内部的电子，扰核运动的轨道"厚度"与直径完全是同一个数量级。因此，我们不再能像图53那样用一条线来表示它们的运动，而是必须形象地表示为图54所示的样子。自然而然地，经典力学术语也不再适用于描述粒子的运动，因为粒子的位置和速度都存在一定程度的不确定性——这就是大名鼎鼎的海森堡（Werner Heisenberg）"测不准原理"和玻尔（Niels Bohr）的"互补原理"。

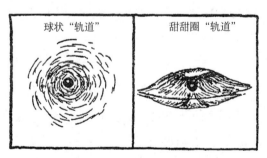

球状"轨道"　　　　甜甜圈"轨道"

图54　原子内部电子运动的微观力学示意图

这项惊人的发现意味着，在新的物理学中，运动粒子的轨迹、精确位置、速度等概念都要被丢进废纸篓去了，我们从未如此迷茫！如果没有了这些基本的概念，又如何研究原子内部的电子呢？不使用这些我们耳熟能详的基本法则，那什么又是新的基本法则呢？为了解决量子物理中位置、速度、能量等方面的不确定性，必然需要引进新的、不同于经理力学的数学方法，那么它又是什么呢？

这些与经典光学理论遇到的情况完全类似，或许可以从中找到上述问题的答案。我们知道，在普通生活中观察到的大多数光现象，都可以在光沿直线传播的基础上进行解释，也就是所谓的光线。非透明物体投下的影子的形状、平面镜和曲面镜成像、透镜和各种更复杂的光学系统功能……这些都可以基于光线反射和折射等基本定律得到解释（见图55a~c）。

但我们也知道，当光学系统中光路的几何尺寸与光的波长相当时，经典的几何学方法失灵了，这些情况下发生的现象被称为衍射现象，完全不属于几何光学的范畴。因此，通过一个非常小的小孔（大约0.0001厘米）的光束不能沿直线传播，而是以一种奇特的扇形方式散开（见图55d）。当一束光落在一个表面划有大量平行窄线的镜子上时，就形成了"衍射光栅"，光线不再遵循我们熟悉的反射定律，而是被投向许多不同的方向，方向由划线之间的距离和入射光的波长共同决定（见图55e）。如果水面覆有一层薄薄的油膜，光射到水面再反射回来时，还会产生一种特殊的明暗条纹系统（见图55f）。

所有这些情况，都是我们熟悉的"光线"概念无法解释的，相反，我们必须认识到，"光线"其实只是光能在光学系统空间内的连续分布。

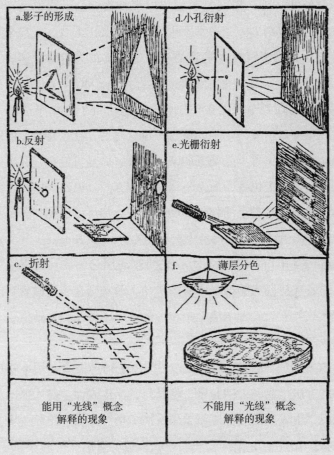

a.影子的形成

d.小孔衍射

b.反射

e.光栅衍射

c.折射

f.薄层分色

能用"光线"概念
解释的现象

不能用"光线"概念
解释的现象

图 55

　　显然，光线的概念在衍射中陷入了窘境，运动轨道的概念在量子物理中也走向了失败，二者同病相怜。就像我们不能将光视作绝对的线一样，根据量子力学原理，我们也不能说运动粒子的轨道是无限细的。二者都不再是数学意义上的线，必须采用另一种表达方式来解释观察到的现象，那就是我们所看到的其实是"某种事物"在空间中的连续分布。对于光来说，"某种事物"指的是光在各个点的振动强度，而对于量子力学而言，"某种事物"指的是位置测不准的概念。也就是说，在任意给定的时刻，运动粒子的位置不是确定的某一位置，而是可能在好几个位置，且出现在各个位置的概率不尽相同。当然，虽然我们再也无法准确描述给定时刻运动粒子的确切位置，却可以根据"测不准原理"计算出运动范围。得益于德布罗意（L. de Broglie）和薛定谔（Erwin Schrödinger）的努力，光的波动理论和波动力学应运而生，前者在研究光的衍射中崭露头角，后者则在研究微观粒子运动中大放异彩。二者本质上是相似的，下面的试验清晰展示了这种相似性。

　　图 56 展示了施特恩（O. Stern）的原子衍射装置。用本章前面描述的方法生成一束钠原子，将其打到晶体表面。对入射的粒子束来说，组成晶格的普通原子层扮演了衍射光栅的角色。实验中，施特恩在各个角度放置一系列收集被反射钠原子的小瓶子，然后仔细测量每个瓶子收集到的原子数量。实验结果如图 56 所示，瓶子里的阴影代表收集到的原子多少，虚线则是相应的统计分布。我们看到，钠原子可不像射到金属板上的弹珠，后者会遵

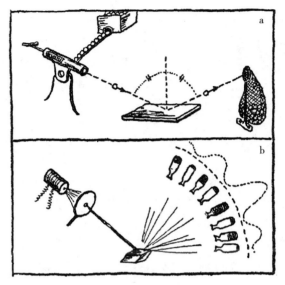

图 56

a. 可以用轨道概念解释的现象（金属板反射弹珠）；b. 无法用轨道概念解释的现象（晶体反射钠原子）。

循反射定律以特定角度射出，而钠原子则会形成衍射图样。

　　这类实验不可能用经典力学解释，经典力学描述的是独立原子沿着明确轨迹的运动，必须用新的微观力学才能理解，它描述粒子运动的方式与现代光的波动理论完全相同。

第七章
现代炼金术

1. 基本粒子

上一章中我们了解到，各种化学元素的原子代表着相当复杂的力学系统，大量的电子围绕中心的原子核高速旋转，那就不可避免地会问，这些原子核是否是物质最终不可分割的结构单元？或者它们还可以进一步细分为更小、更简单的部分？是否有可能将 92 种不同的原子拆分成几个真正简单的粒子？

早在 19 世纪中期，这种对简单性的追求驱使英国化学家威廉·普鲁特（William Prout）提出了一个假设，根据他的假设，所有不同化学元素的原子性质基本相同，它们都只是不同数量的氢原子的集合。普鲁特的假设基于这样一个事实：在大多数情况下，化学方法确定的各种元素的原子量都是氢原子的整数倍，例如原子量为 16 的氧原子由 16 个氢原子粘连而成，原子量为 127 的碘原子由 127 个氢原子聚合而成，等等。

然而，当时的化学研究结果却无法接受这一大胆假设。对原子量的精确测量表明，大多数元素的原子量的确是整数或者近似于整数，但有的则不然，例如，氯的化学原子量是 35.5。这些事实，似乎与普鲁特的假设是矛盾的，这一假设渐渐被淹没，普鲁特至死也没有能验证他的观点。

直到 1919 年，英国物理学家 F. W. 阿斯顿（F. W. Aston）发现，普通的氯代表的其实是两种不同氯的混合物，它们具有相同的化学性质，但整数原子重量不同——分别为 35 和 37，化学家得到的非整数数字 35.5 只代表该混合物的平均值。几乎被遗忘的普鲁特假说终于获证，沉冤得雪。

对各种化学元素的进一步研究揭示了一个惊人的事实：它们中的大多数都是由化学性质相同但原子量不同的几种成分组成的混合物，这些成分被命名为同位素（isotopes），在元素周期表中占据相同的位置。不同同位素的质量总是氢原子质量的整数倍，这一事实让普鲁特被遗忘的假说重获新生。正如我们在上一节中所看到的，原子的主要质量集中在它的原子核中，所以普鲁特的假说用现代语言重新表述应该是，不同种类的原子核由不同数量的氢原子核组成，正是由于氢原子核在物质结构中的地位是如此特殊，科学家也将其专门命名为"质子"。

然而，在上述声明中，还需要有一个重要的修正。例如，考虑一下氧原子的原子核，氧是自然序列中的第 8 个元素，它的原子内部必然包含 8 个电子，它的原子核必然携带 8 个正的基本电荷。但氧原子质量是氢原子的 16 倍。因此，如果假设一个氧原子核是由 8 个质子构成的，电荷对了，但质量不对；假设是 16

个质子，质量对了，但电荷又错了。

显然，要解决这个难题，唯一的办法就是假设组成复杂原子核的一部分质子不带正电荷，是电中性的。

卢瑟福早在 1920 年就提出了这种无电荷质子，12 年后，英国物理学家查德威克（James Chadwick）通过实验证明了这种粒子的存在，现在人们通常称这种粒子为"中子"。在此必须指出的是，质子和中子不应被视为两种完全不同的粒子，而是以"核子"为名的同一基本粒子的两种不同荷电状态。事实上，众所周知，质子失去其正电荷就会变成中子，而中子也可以通过获得正电荷而变成质子。

引入中子作为构造原子核的基本单元后，前面的难题也迎刃而解。要理解原子量为 16 的氧原子核为何只携带了 8 个单位的电荷，我们就必须接受一个事实：氧原子核由 8 个质子和 8 个中子组成。依此类推，碘的原子序数是 53，原子量是 127，所以它由 53 个质子和 74 个中子组成；而铀的重核（原子量 238，原子序数 92）则由 92 个质子和 146 个中子组成。[①]

因此，近一个世纪之后，普鲁特的大胆假设终于得到了它应得的认可和荣誉，我们现在可以说，已知物质的无限多样性只是两中基本粒子的不同组合而已：① 核子，物质的基本粒子，可以是电中性的，也可以是带正电荷的；② 电子，负电的自由电荷

---

① 纵观原子周期表，你会发现在元素周期表的开始阶段，原子量等于原子序数的两倍，这意味着这些原子核含有相同数量的质子和中子。但对于较重的元素，原子量增加得更快，表明其中包含的中子比质子多。

（见图 57）。

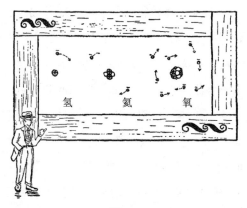

图 57

这里是《物质烹饪大全》中的几道菜，显示了宇宙厨房中的每道菜是如何用储量丰富的核子和电子做出来的。

水。先准备大量的氧原子，每个氧原子由 8 个中子和 8 个质子结合而成，并在核子周围配上由 8 个电子组成的电子层。然后把 1 个电子配 1 个质子，形成氢原子。在每个氧原子中加入 2 个氢原子，将得到的水分子混合在一起，就得到了一堆可以装在大玻璃杯里端上桌的冰冷水分子。

食盐。将 12 个中子和 11 个质子结合起来，并在每个核子上附加 11 个电子，生成钠原子。将 18 或 20 个中子和 17 个质子结合起来，产生同等数量的氯原子，并在核子周围附加 17 个电子，将钠原子和氯原子排列在三维棋盘格里，形成规则的盐晶体。

三硝基甲苯（TNT）。将 6 个中子和 6 个质子结合起来，再加 6 个电子生成碳原子。再由 7 个中子、7 个质子和 7 个电子拼成氮原子。氧原子和氢原子的制造方法如上所述（见"水"）。将6个碳原子排成环状，第7个碳原子贴在环外面。给碳外环上的3个碳原子分别贴上一对氧原子，在氧和碳之间再加1个氮原子。将3个氢原子贴在孤零零留在环外的那个碳原子上，再给环内空闲的2个碳原子各添加1个氢原子。将如此获得的分子按规律排列，形成大量的小晶体，再将所有这些晶体压在一起。可得小心点，这种结构高度不稳定，极易爆炸。

正如我们所看到的，中子、质子和电子代表了构建任何所需物质的粒子，但这份基本粒子清单似乎仍然有些不完整。事实上，如果普通电子代表负电的自由电荷，为什么不能有正电的自由电荷，也就是正电子呢？

还有，如果代表物质基本单位的中子可以获得正电荷成为质子，又为什么不能带负电成为负质子呢？

答案是：正电子除了电荷符号外，与普通的负电子非常相似，在自然界中确实存在。还有负质子的确也可能存在，尽管实验物理学还没有成功地探测到它们。[1]

在我们的物理世界中，正电子和负质子可不像负电子和正质子那样多，原因在于这两组粒子可以说是相互对立的。大家都知道，两个正负电荷，放在一起会相互抵消。因此，由于这两种电子所代表的正是带正负电的自由电荷，我们也当然无法期待它们

---

[1] 1933年保罗·狄拉克（Paul Dirac）预言了反质子的存在，1955年，塞格雷（Emilio Segrè）和张伯伦（Owen Chamberlain）通过粒子加速器发现了这种反粒子。——译者注

能在同一片空间内和平共处。事实上，一旦一个正电子遇到一个
负电子，它们的电荷将会立即相互抵消，两个电子也将不再单独
存在，在相互湮灭的过程中，会产生强烈的电磁辐射（γ射线），
γ射线携带着两个消失的粒子的原始能量从相遇点逸出。根据
物理学的基本定律——能量既不能被创造也不能被消灭，这里我
们看到的只是自由电荷的静电能量转化为了辐射波的能量。这种
现象被玻恩（Born）教授描述为"野蛮的婚姻"，[1] 而忧郁的布朗
（Brown）则称之为两个电子的"相互自杀"。[2] 图58a是正负电子
湮灭的示意图。

两个电性相反的电子"湮灭"的过程与强γ射线看似凭空
"创造"一对电子的过程互为镜像，我们之所以说"看似凭空创
造"，是因为新生电子对实际上源自γ射线提供的能量，要形成
这样的电子对，γ射线消耗的能量正好等于湮灭过程释放的能
量。γ射线"创造"电子对的过程最好接近某些原子核，如图
58b所示。[3] 虽然这对相反的电子似乎是从本来不带电的空间中凭
空冒出来的，但只要想想就明白这一过程和摩擦起电的道理其实
是一样的。只要有了足够的能量，我们可以随心所欲地产生成对
的正负电子，同时，相互湮灭的过程很快又会使它们双双消逝，
"完全偿还"最初花费的能量。

"宇宙射线簇射"现象就是这样一个批量制造电子对的有趣

---

① M.Born,《原子物理学》（G.E.Stechert & Co.，New York，1935）。
② T.B. Brown,《现代物理》（John Wiley & Sons，New York，1940）。
③ 原则上电子对的形成可以在一个空旷空间中进行，但原子核周围电场的存在
对电子对的形成过程很有帮助。

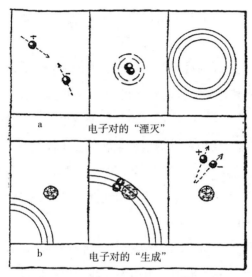

a　　　　　电子对的"湮灭"

b　　　　　电子对的"生成"

图 58　电子对的"湮灭"与"生成"

案例，"宇宙射线簇射"发生在来自星际空间的高能粒子流穿过地球大气层时。尽管宇宙中为什么会存在这些方向各异的高能粒子流，至今还是未解之谜[1]，但我们至少搞清楚了这些带电粒子高速撞击大气层时会发生什么。如图 59 所示，起初的高速粒子以极快的速度撞到大气层上，之后减速过程中会释放出高能伽马射线，伽马射线产生很多正负电子对；正负电子对同样会产生大量伽马射线，进一步制造更多的次级电子对。连续倍增反应在通过大气层的过程中不断重复，最终当原生电子到达海平面时，已然

---

[1]　这些高能粒子运动速度高达光速的 99.9999999999999%，关于其来源的假设有很多，最简单也最可能的是，粒子是由宇宙气体尘埃之间巨大的电势差加速产生的。这一点有点类似于雷雨天云间的闪电。

伴随着成群的次级电子，其中一半是正电子，另一半是负电子。
自然而然地，当高速电子穿过更重的物体时也会产生类似的"宇
宙射线簇射"现象，而且因为物体密度比空气更大，"电子分岔倍
增"的频率也会更高。

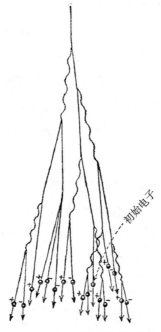

图 59 宇宙射线簇射示意图

现在我们把注意力转向负质子存在的可能性上，我们期望
这种粒子可以通过中子获得负电荷或失去正电荷而形成。不难理
解，在普通材料中，负质子和正电子一样短命。事实上，它们
会立即被附近带正电的原子核所吸引，并在进入核结构后变成中
子。因此，即使普通物质中真的存在与质子完全对称的反质子，

想要探测它们也不是件容易的事。别忘了，正电子的发现要比电子足足晚了半个世纪。假设负质子真的存在，"反"原子和"反"分子自然也不在话下。它们的原子核由普通中子和反质子构成，正电子绕核旋转。这些"反"原子将具有与普通原子完全相同的特性，除非我们把普通物质和"反"物质放在一起，否则肉眼根本无法区分"反"水、"反"黄油等与其对应的普通物质之间的区别。然而，一旦两个反物质被带到一起，正负电子相互湮灭，带相反电荷的核子也会相互中和，产生不亚于原子弹的爆炸。据了解，宇宙中的确可能存在由反物质构成的行星系，如果将一块来自太阳系的普通石头扔进反星系，或者反之，那么这块石头一落地就会变成一颗原子弹。

　　说到这里，我们必须暂时放下关于反原子的狂想，转而探究另一种基本粒子。它的怪异程度可能不亚于反物质，更重要的是，我们在诸多可观察的物理过程中已经发现了它的身影，它就是所谓的"中微子"，它是"走后门"进入物理世界，尽管面临诸多质疑，它还是在基本粒子家族中占据了不可替代的地位，而发现"中微子"的过程也是现代科学中最激动人心的侦探故事之一。

　　讲质数时我们知道数学上有一种人们很喜欢的证明方法，名字叫"归谬法"，中微子也是通过"归谬法"发现的。人们不是发现了有什么东西存在，而是发现缺少什么东西。这些缺少的东西是能量，根据物理学定律——能量既不能被创造，也不能被消灭，既然我们发现本应存在的能量不见了，表明一定有一个小偷，或者有一帮小偷，是小偷把能量拿走了。科学侦探们眼里揉不得沙子，他们喜欢给事物命名，即便看不到它们，他们也称这些能量盗贼为"中微子"。

可能这有点超前了，我们知道，每个原子的原子核由核子组成，其中大约一半是电中性的中子，其余是带正电的质子。如果原子核中的中子和质子的相对数量之间的平衡被破坏，原子核携带的电荷必然要做出相应的调整。[①] 要是中子过多，部分中子就会向外释放一个电子，从而变成质子；如果质子过多，部分质子会释放一个正电子，进而变成中子，图 60 展示了这两个过程。

原子核的这种调整被称为 β 衰变，从原子核中放出的电子被称为 β 粒子。由于原子核的内部转变是确定的，释放的能量被传递给射出的电子。因此，理论上讲，由相同物质发射的电子必须以相同的速度运动，然而，在观察 β 衰变的过程中，人们发现由相同物质发射的电子具有从零到某个上限的多种不同动能。由于没有发现其他粒子，也没有发现可以平衡这种差异的辐射，β 衰变过程中"能量缺失的情况"引起了人们的高度重视。有一段时间，人们还曾认为能量守恒定律失效了，这对所有精心构建的物理理论来说绝对是相当大的灾难。还有人提出另一种可能性：也许缺失的能量被某种新的粒子带走了，这些粒子在任何观察方法都没有观测到的情况下逃走了。泡利（Pauli）建议把这种核能"巴格达大盗"叫"中微子"，"中微子"不带电荷，质量

---

① 　详见本章后面的核轰击方法。

不超过普通电子的质量。事实上，由高速粒子和物质的相互作用不难推断，这种无电荷的轻粒子无法被任何现有的物理仪器观测到，它会毫无困难地穿过任何厚度的屏蔽材料。一根细细的金属灯丝就能完全挡住可见光，高穿透性的 X 射线和 γ 射线则需要几英寸的铅才能挡住绝大部分，但一束中微子能毫不费力地穿过几光年厚度的铅，难怪它们逃过了所有观测，但粒子的逃逸造成的能量赤字却泄露了它们的行踪。

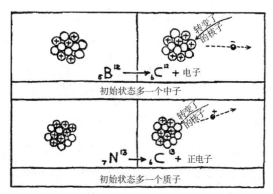

图 60　负 β 粒子和正 β 粒子衰变示意图
（为了表述方便，所有核子都画在一个平面上）

　　尽管无法抓住离开原子核的中微子，但有一种方法可以研究它们离开后引起的次级效应。试想一下，如果你扣动步枪的扳机，枪托会对你的肩膀产生后坐力；沉重的炮弹离开炮膛以后，炮身也会向后滑动；依此类推，高速粒子离开原子核时应该也会产生类似的后坐效应。观测结果表明，发生 β 衰变的原子核总会获得一个与其释放的电子方向相反的速度。除此以外，科学家还发现，无论衰变产生的电子速度是快还是慢，原子核获得的反冲速度总是恒定不变的（见图 61）。这似乎非常奇怪，子弹快慢不同产生的后坐力不应该是不同的吗？奥秘在于，原子核发出一个电子的同时，也会发射一个中微子，二者共同保持能量的平衡。如果电子运动得快，带走的能量多，中微子就运动得慢一点，反之亦然。因此观察到的原子核后坐力总比电子形成的那部分要大一些，这正是由于中微子一起作用的结果。如果这种效应不能证明中微子的存在，还有什么能证明它的存在呢？

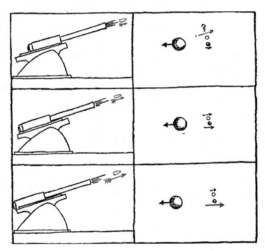

图 61　弹道学和核物理学中的后坐力问题

　　综上所述，我们有了一份宇宙基本粒子的完整清单，同时知道了它们之间存在的关系。

　　首先，有代表物质基本粒子的核子。就目前的认知水平而言，它们要么是电中性的中子，要么是带正电的质子，但也有可能存在带负电的反质子。

然后，我们有代表正负电自由电荷的电子。

除此之外，还有神秘的中微子，它不带电荷，据推测比电子要轻得多。①

最后是电磁波，负责电磁作用在空间的传播。

物理世界的所有这些基本粒子都是相互依存的，并能以各种方式相互结合。一个中子可以通过发射一个电子和一个中微子变成一个质子（中子→质子＋电子＋中微子）；质子也可以释放一个正电子和一个中微子，重新变成一个中子（质子→中子＋正电子＋中微子）。两个极性相反的电子可以转化成电磁辐射（正电子＋电子→辐射），反过来，辐射也能创造一对电子（辐射→正电子＋电子）。最后，中微子能与电子结合，形成宇宙射线中不稳定的介子，介子还有一个不太恰当的名字，叫"重电子"（中微子＋正电子→正介子；中微子＋电子→负介子；中微子＋正电子＋电子→中性介子）。

中微子和电子的组合携带了大量内部能量，使得他们结合体的质量比各自质量之和还要重 100 倍左右。

图 62 展示了构成宇宙的基本粒子示意图。

"但这就是结局吗？"你可能会问。"我们有什么权力假定核子、电子和中微子真的是基本粒子？凭什么判定它们无法被细分为更小的部分？仅仅在半个世纪前，人们不是还认为原子不可分割吗？然而，它们今天呈现出的是一幅多么复杂的画面啊！"答

---

① 关于这个问题的最新实验证据表明，中微子的质量不超过一个电子的 1/10。

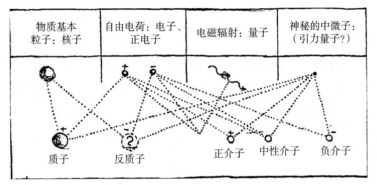

图 62　现代物理学的基本粒子及其不同粒子组合的图表

案是，我们当然无法预测物理学未来的发展，不过就现在而言，我们有充分的理由相信，核子、电子和中微子就是真正的基本粒子，它们无法进一步分割。因为从化学、光学和其他角度来看，曾经被认为不可分割的原子性质相当复杂，而且各不相同，但现代物理学的基本粒子性质非常简单，事实上，它们和几何意义上的点一样简单。此外，经典物理学中"不可分割的原子"种类繁多，但我们现在只剩下三个本质上不同的粒子：核子、电子和中微子[1]。尽管简洁之美是我们不懈的追求，但总不能把一切都化为乌有。事实上，就组成物质的基本元素而言，我们确实已经走到尽头了。

---

[1]　截止到目前，科学家发现，质子、中子和介子由更小的夸克和胶子组成，还有性质类似光子、胶子的一系列规范玻色子，这些才是基本粒子。本书作者于1968年去世，后文出现类似说法时不再一一说明。——译者注

2. 原子内核

现在我们已经熟悉了构成物质基本粒子的性质和属性，接下来转向每个原子的心脏，对原子核做更详细研究。虽然原子外层的电子可以比作一个微型的行星系，但原子核本身的结构却呈现出完全不同的画面。首先可以肯定的是，把原子核固定在一起的力绝不是纯电力。事实上，原子核中的核子一半是不带电的中子，一半是带正电的质子。就电磁力而言，质子之间明显应该是相互排斥的，而如果这些粒子之间只有斥力，那也就不可能得到一个稳定的粒子组合。

因此，要理解为什么原子核的核子彼此紧紧抱在一起，就必须先假设它们之间存在着某种其他类型的力，该力在本质上是吸引力，可以同时作用于带电和不带电的核子。这种不论所涉粒子性质如何都能使它们保持在一起的力一般被称为"内聚力"，例如，在普通液体中就会遇到这种力，它能防止独立的分子向各个方向飞散。

在原子核中，也有类似的内聚力，内聚力作用于独立的核子之间，可以防止原子核因质子之间的电斥力而破裂。因此，与原子外层的电子有足够的空间活动不同，原子核中大量的核子像罐头里的沙丁鱼一样紧密地挤在一起。如前所述，原子核的核子就像普通液体一样，受到类似于"表面张力"的作用，如图 63 所示，内部的核子各个方向受力相同，而表面的核子则受到向内的拉力。

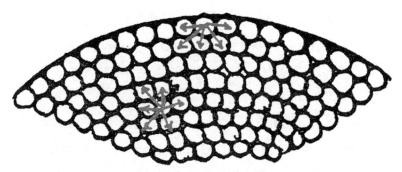

图63 液体中表面张力的解释

对于给定的体积而言，球的表面积最小，所以，在不受任何外力的影响下，液滴总是趋向于球形。同样地，不同元素的原子核可以简单地被视为大小各异的"核液体"。然而，尽管定性地说，核液滴与普通液滴高度相似，但定量地说则有云泥之别。事实上，它的密度比水的密度高出240,000,000,000,000倍，表面张力比水大1,000,000,000,000,000,000倍。下面的例子可以帮助我们更容易地理解这些巨大的数字，假设有一个大体上呈倒U形的框子，面积约为2平方英寸，如图64所示，然后用一根直的金属丝把它的底边封起来，用肥皂水在框里涂一层膜，皂液膜的表面

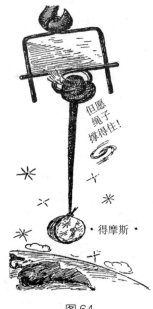

但愿绳子撑得住!

·得摩斯·

图64

张力会将下面那根金属丝向上拉，为了平衡表面张力，可以在这根横置的金属丝下面挂一个小砝码。如果皂液膜是普通肥皂溶于水制成的，厚度为 0.01 毫米，那么这层膜自重约为 0.25 克，承重能力约为 0.75 克。

而如果有可能用核液体制作一个类似的薄膜，那么薄膜自重将是 5000 万吨（大约是 1000 艘海轮的质量），承重能力约为 1 万亿吨，也就是足足挂得起一颗火卫二"得摩斯"。可想而知一个人得有相当强大的肺活量，才能从核液体中吹出肥皂泡啊？

如果把原子核比作小液滴的话，还需要考虑一点差异，那就是这些"液滴"中大约有一半是带电的质子。因此，核子之间其实存在两种力，一种是将其约束在一起的"表面张力"，一种是让其彼此分离的电斥力，后者也是原子核不稳定的主要原因。如果"表面张力"占上风，原子核就不会自行分裂，两个原子核相互接触时也会像水一样聚合在一起，这个过程就是"聚变"。

反过来，如果电斥力占上风，原子核就会自行分裂为两个或多个原子核，这个过程通常也被称作"裂变"。

1939 年，玻尔和惠勒（Wheeler）精确计算了不同元素原子核内核力和电斥力的平衡状态，两位科学家根据计算结果断言，对于元素周期表中前半部分较轻的元素而言，原子核中都是核力占上风，而对于那些更重的原子核而言，则是电斥力更有优势。因此，所有比银重的元素原子核基本上都是不稳定的，只要有足够大的外力作用，都会分裂成两个或更多个新的原子核，同时释放出巨大的能量；反过来说，轻于银的两个轻原子核一旦靠近，

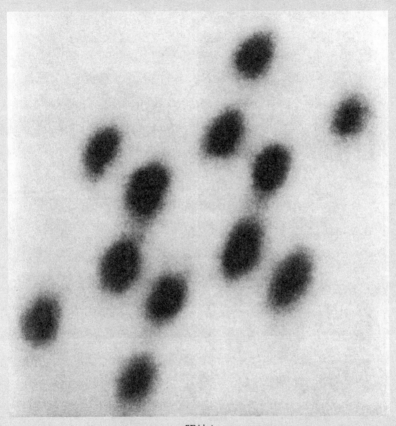

照片 I
放大了 175,000,000 倍的六甲基苯分子照片
供图：哈金斯（M. L. Huggins）博士，伊士曼柯达实验室
（Eastman Kodak Laboratory）

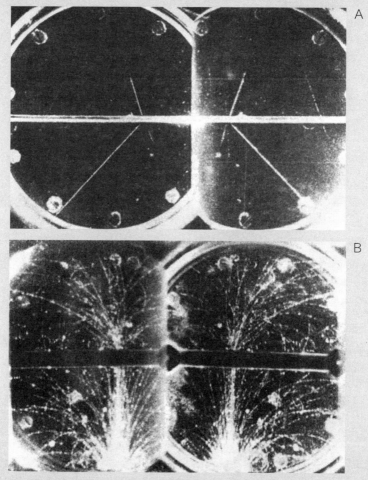

照片 II

A. 宇宙射线簇射起源于云室的外壁，并在中间的铅板上再次出现。正负电
子在磁场作用下向相反的方向偏转，形成阴影

B. 宇宙射线粒子在中板产生的核衰变

[供图：卡尔·安德森（Carl Anderson），加州理工学院（California
Institute of Technology）]

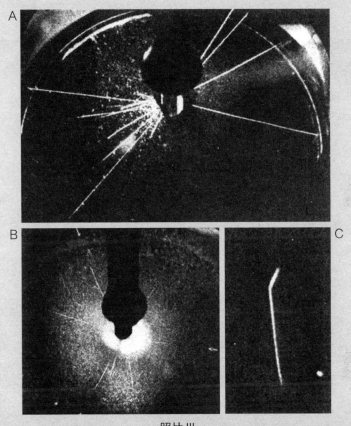

照片 III

人工加速核粒子引起的原子核反应

A. 一个高速氘核撞上室中重氢气体中的另一个氘核，产生了氚核和普通氢核
（$_1D^2 + _1D^2 \rightarrow _1T^3 + _1H^1$）

B. 一个高速质子击中一个硼原子核，让后者分裂成三个相等的部分
（$_5B^{11} + _1H^1 \rightarrow 3_2He^4$）

C. 一个中子从左向右运动，将一个氮原子核击碎，形成一个硼核（向上的
轨迹）和一个氦核（向下的轨迹）（$_7N^{14} + _0n^1 \rightarrow _5B^{11} + _2He^4$）

［供图：迪博士（Dee）和费瑟博士（Feather），剑桥大学（Cambridge）］

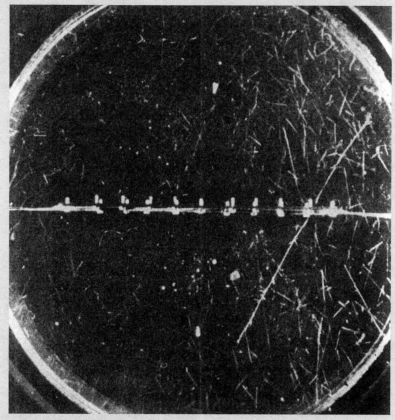

照片 IV
一张关于铀核裂变的云室照片，一个中子击中了放置在室中的薄层中的一个
铀核。两条轨迹对应两个飞散的裂变碎片，每个碎片的能量约为 100Mev
［供图：包基尔德（T.K.Boggild）、布罗斯特仑（K.T.Brostrom）、劳里
森（Tom Lauritsen），哥本哈根理论物理研究所（Institute of Theoretical
Physics in Copenhagen）］

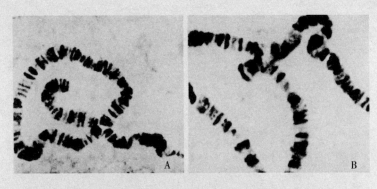

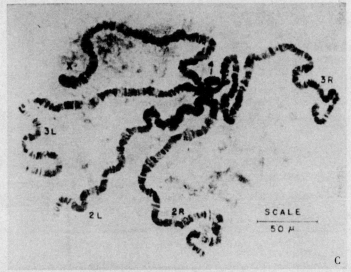

照片 Ⅴ

A 和 B 是果蝇唾液腺染色体的显微照片，显示基因的转位和互换；

C 是果蝇雌性幼虫的显微照片。标记为 X 的是一对紧挨在一起的 X 染色体；

2L 和 2R 是成对的第 2 条染色体；3L 和 3R 是第 3 对染色体，其中 L 表示

左染色体，R 表示右染色体；4 是第 4 对染色体

[摘自《果蝇指南》，德默瑞克（M.Demerec）和考夫曼（B.P.Kaufmann）

著，华盛顿卡尼耶基金会，1945。经德默瑞克先生的许可使用]

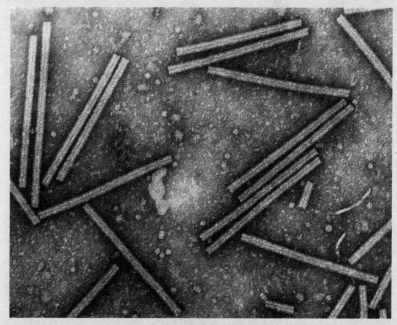

照片 VI
活的分子？放大了 34,800 倍的烟草花叶病毒微粒，
这张照片是通过电子显微镜拍摄的
[供图，奥斯特博士（G. Oster）和斯特梅博士（W. M. Stameg）]

A

B

照片 Ⅶ

A. 大熊座的螺旋状星云俯视图

B. 后发座旋涡星云侧视图

[供图，威尔逊山天文台（Wilson Observatory）]

照片 VIII
蟹状星云。中国天文学家于 1054 年在天空观察到了一个
由超新星抛出的膨胀气体层，"天关客星"
［供图：巴德（W. Baade），威尔逊山天文台］

也有可能产生自发的核聚变反应,两个过程分别如图 65a 和图 65b 所示。

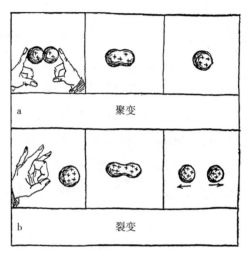

图 65

然而,除非有外部激励,否则轻核聚变和重核裂变都不会自动发生。为了使两个轻核发生聚变,我们必须克服两个原子核之间巨大的静电斥力才能让二者靠得足够近,而为了迫使一个重核裂变,则必须施加一个足够大的外力使其大幅振动。

这种需要起始激励才能发生特定物理过程的状态叫作亚稳态,生活中有很多亚稳态的例子。比如立在悬崖上的石头、口袋里的火柴再或者炸弹里的 TNT 炸药其实都处于亚稳态,都有巨大的能量等待释放。只不过你得踢一脚,石头才会从悬崖呼啸而下,火柴需要摩擦加热才能燃烧释放化学能,TNT 的爆炸则需要有人点燃引线。事实上,在我们生活的世界中,除了银之外①，每种物质都是潜在的核爆炸物，我们之所以没有被炸得粉身碎骨只是由于核反应的起始激励条件十分苛刻。或者用更科学的语言来说，必需要用极高的能量才能激活核反应。

在核能面前，我们有点类似于冰天雪地里的爱斯基摩人，对他们来说，唯一的固体是冰，唯一的液体是酒精。爱斯基摩人永远不会听说过火，因为两块冰互相摩擦可不能钻冰取火，而且，在他们心中认为酒精只是一种令人愉快的饮料，因为他也没有办法将其周围温度提高到酒精的燃烧点。

由此可以想象人们发现聚变和裂变时的兴奋，我们居然有可能释放原子核中的巨大能量，这一伟大发现就像爱斯基摩人看到了酒精灯！

然而，一旦启动核反应的困难被克服，我们也将得到相应的丰厚回报。例如，如图 66a 所示，以等量的氧原子和碳原子的混合物为例，平常当然可以根据方程式进行化学结合：

$$O+C \rightarrow CO+ 能量$$

每克混合物能为我们提供 920 卡的热量。②

现在，如图 66b 所示，用我们的新"炼金术"试试核聚变：

$$_6C^{12}+_8O^{16}=_{14}Si^{28}+ 能量$$

每克混合物释放的能量将达到 14,000,000,000 卡，是前者的 15,000,000 倍。

---

① 银核既不会聚变也不会裂变。
② 卡是一种热量单位，使 1 克水上升 1 摄氏度所需的能量为 1 卡，1 卡 =4.18 焦耳。

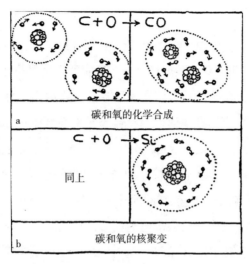

图 66

同样，将一个复杂的 TNT 分子分解成水、一氧化碳、二氧化碳和氮的分子（化学分解），每克大约释放 1000 卡能量，而同等重量的汞核裂变则将产生 100 亿卡能量。

然而，大多数化学反应在几百度的温度下就会很容易发生，但相应的核反应在温度达到几百万度之前甚至都不会开始！不过这种困难更像是一个好消息，至少不用担心宇宙嘭嘭地炸成一块大银疙瘩。

3. 轰击原子

尽管原子量都是整数的确为复杂的原子核理论假设提供了有力的证据，但人们还是更相信实验结果，只有在实验中真的把一个原子核打碎成两个或更多的原子核，科学家们才算是证实了所有推测。

1896 年，法 国 物 理 学 家 贝 克 勒 尔（Edmond Alexandre
Becquerel）发现了天然放射性衰变，证明裂变过程的真实存在。后
来人们发现，在靠近元素周期表尽头的元素周围，总会存在类似
于 X 射线的高穿透性辐射，铀和钍等元素都是如此。进一步的研
究表明，重核的衰变大致可以分为两类，以铀的衰变为例：① 它
会同时释放出一个较轻的核子组合，包含两个质子和两个中子，
人们称为 α 粒子，也是氦的原子核，这个过程被称为 α 衰变；
② 剩下的原子核会进行内部电荷调整，具体来说是释放出两个电
子，这个过程被称为 β 衰变，这时铀的原子核就变成了钍的原子
核。但是钍也是不稳定的，因此衰变和电荷调整会不停进行下去，
直到发生 8 次 α 衰变、6 次 β 衰变后变成稳定的铅原子核 ①。

这种 α 衰变、β 衰变交替发生的现象同样适用于钍开始的
钍系元素和锕系元素，三类元素都会持续自发衰变，最终形成铅
的三种同位素。

好奇的读者肯定会问，上一节中不是说元素周期表后半部分
元素原子核都不稳定吗？那就是说所有比银重的原子核应该都能
衰变，为什么人们只在铀、镭、钍等少数最重的元素中观察到了
自发衰变呢？答案是，两句话都没错，所有比银重的元素都存在
自发衰变，只不过衰变时间千差万别，对于碘、金、汞和铅等我
们所熟悉的元素，可能一两个世纪才会衰变一次，即使用最敏感

———————————

① 这里根据结合 α 衰变、β 衰变稍作修正。——译者注

的物理仪器也无法观测和记录。只有在最重的元素中，原子自发"破裂"的趋势过于强烈，放射性现象才容易被观察到。而且还要考虑相对概率的影响，例如：铀原子的原子核就有许多不同的衰变方式，可以自发地分裂成两个或三个相等的部分，再或者分裂成大小不一的几个部分，然而最容易的还是裂变成一个 α 粒子和一个重核，这也正是我们通常观察到的形式。事实上，铀核自发裂变为两半的可能性只有发生 α 衰变概率的百万分之一。因此，同样是在 1 克铀中，每秒钟有大约一万个原子核发生 α 衰变，但想要看到铀原子核自发裂变成两半，那可得等上好几分钟才行。

毫无疑问，放射性现象的发现证明了核结构的复杂性，也为人工产生（或引发）核反应铺平了道路：如果重的、特别不稳定的元素原子核可以自发衰变，那么用能量足够大的高速粒子撞击相对稳定的原子核，是否也有可能发生裂变反应？

带着这种思考，卢瑟福决定用不稳定放射性元素自发裂变产生的核碎片（α 粒子），密集轰击各种稳定元素的原子。1919 年，卢瑟福进行了第一次核反应实验，图 67 是实验仪器的示意图，与现在一些物理实验室使用的巨型原子对撞机相比，它只是简单的样机。仪器由一个抽空的圆柱形容器组成，上面有一个由荧光材料（c）制成的薄窗作屏幕。轰击原子的 α 粒子来自放置在金属板上的一小撮放射性物质（a），作轰击目标的铝元素被制成金属铝箔（b），放置在轰击点后一段距离处。铝箔的安装是实验的关键，正常情况下，所有入射的 α 粒子都会打到铝箔上，也就是说，如果 c 处的荧光屏被点亮，那么只有一种可能，就是轰击

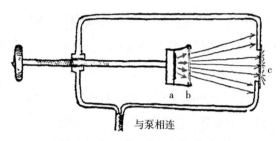

与泵相连

图67　原子第一次是如何分裂的

中铝箔中产生了次级的"碎片"原子核。

一切就绪之后，卢瑟福通过显微镜观察屏幕，结果显然不是一片黑暗。屏幕上有无数星星点点的光芒，此起彼伏地闪烁着！每一个光点都是由质子撞击屏幕产生的，而每个质子又都是 α 射线从目标的铝原子中轰出来的"碎片"，元素的人工转化终于从理论可能性成为科学上的既定事实。[①]

在卢瑟福经典实验之后的几十年里，元素的人工转化成为物理学最大和最重要的分支之一，无论是产生高速粒子的技术还是实验观测技术都取得了长足的进步。

其中一种观测仪器是"威尔逊云室"，云室以其发明者威尔逊（C. R. T. Wilson）而命名。我们都知道，α 粒子等快速移动的带电粒子穿过空气或任何其他气体的过程中，会对其沿途的原子产生影响，粒子周围的强电场会从气体原子中剥夺一个或多个电子，大量的原子因此变成带正电的离子。当然，这种状态不会持续很久，粒子通过不久后，离子就会重新捕获电子恢复到正常

---

① 　上述过程可以用反应式表示：$_{13}Al^{27} + _2He^4 \rightarrow _{14}Si^{30} + _1H^1$。

状态。但是，如图68所示，威尔逊很巧妙地将气体换成了饱和水蒸气，而水蒸气很容易积聚在离子、尘埃粒子上形成微小的水滴，这一特性使得粒子运动轨迹上形成一条薄薄的雾带。想象一下，这就好比飞机的尾迹，任何带电粒子在云室中的运动都会留下一串肉眼可见的小水滴。

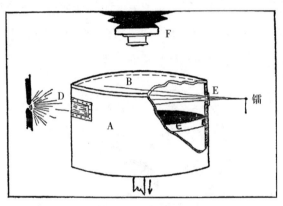

图68　威尔逊云室示意图

从技术角度来看，云室是一个非常简单的装置，它的主要部件由一个金属圆筒（A）和一个玻璃盖（B）组成，玻璃盖上有一个活塞（C）可以上下移动。玻璃罩和活塞表面之间充满含有大量水蒸气的空气（当然必要的话也可以是任何其他气体）。如果一些粒子通过三角窗（E）进入室内后，突然拉下活塞，活塞上方的空气将被冷却，过饱和的水蒸气凝结成水滴，沿着粒子的轨迹，形成薄薄的雾带。由于受到侧窗（D）的强光照射，同时又有活塞的黑色背景作对照，雾带清晰可见，完全可以用视觉观察或与活塞连动的照相机（F）拍照。这种简单的装置，是现代物理学中最有价值的设备之一，能够帮助我们获得核轰击结果的完美照片。

　　放射性材料是粒子轰击实验面临的另一项挑战，材料又贵、能够提供的粒子类型还比较单一，给人们的研究带来了很多的不便。科学家们希望可以利用强电场加速各种带电粒子，这样不仅可以获得质子等不同类型的粒子束，还能让加速粒子获得更高的动能。静电发生器、回旋加速器、直线加速器等应运而生，图69~ 图 71 分别简述了这三种装置的原理。

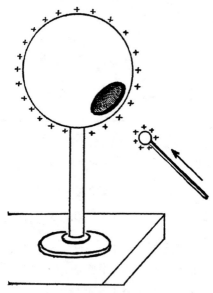

图 69　静电发生器的原理

根据基础物理学原理，对于一个带电的金属球而言，所有电荷均分布在金属球表面。因此可以在球体上开一个小孔，把带有少量电荷的带电导体一次又一次伸进球内并与球的内表面接触，从而在两者之间形成任意大的电势差。实际应用中，我们经常会用导电带把小型感应起电器产生的电荷送入球内。

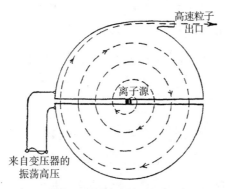

图 70 回旋加速器的原理

回旋加速器由两个放置在强磁场中的半圆形金属盒组成（磁场方向垂直于纸面）。两个盒子与变压器两端相连，分别带正电和负电。从中间离子源射出的离子在磁场中从圆心位置出发，按照圆形轨迹，在磁场中作环形运动，每次从一个盒子进入另一半盒子，离子都会被加速，离子旋转半径越来越大，直到最后高速离开加速器。

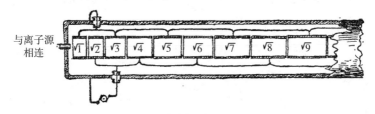

图 71 直线加速器的原理

由若干长度不断增长的圆筒组成，圆筒由变压器施加交流电压。离子从一个圆筒进入另一个圆筒时，被电场逐渐加速，能量逐渐增加。由于速度与能量的平方根成正比，如果圆筒长度与整数的平方根成正比，离子将与交变场保持相位一致。只要长度足够长，我们可以将离子加速到任何需要的速度。

得益于各种加速器产生的粒子束，科学家们可以轰击不同材料制成的靶标，从而获得大量的核反应，并通过云室照片对其进行研究。照片Ⅲ和Ⅳ就是其中的典型代表。

第一张照片是由 P.M.S. 布莱克特（P.M.S.Blackett）在剑桥拍摄的，照片显示的是一束天然 α 粒子穿过充满氮气的云室的情况。[①] 从照片上看，粒子运动轨迹长度是有限的，这是因为在气体中飞行的粒子会逐渐失去动能并最终停下来。两组明显不同的轨迹长度则对应两组能量不同的 α 粒子（分别源自混合物 ThC 和 ThC'）。一般来说，α 粒子轨迹应该先是一条直线，在接近终点时显示出明确的偏转，表示粒子失去了大部分的初始能量，更容易因与氮原子核间的碰撞而偏转。但在布莱克特的照片中存在一条特殊的轨迹，一个 α 粒子的轨迹出现了分叉，其中一个分支又长又细，另一个则又短又粗。该轨迹是 α 粒子与一个氮原子核正面碰撞的结果，细长的线来自原子核里被撞出来的质子，粗短的线则来自撞击之后的原子核碎片。同时还会发现，碰撞发生后不存在第三条轨迹，说明入射的 α 粒子应该已经与原子核碎片合为一体、一起运动了。

在照片Ⅲ B 中，我们看到了人工加速的质子与硼的原子核碰撞的景象。从加速器喷嘴发射的高速质子束（照片中间的暗影）击中了放在开口处的硼层，产生四下飞散的原子核碎片。有趣的是，核碎片的轨迹似乎总是三个一组（照片中可以看到两组这样

---

① 本书未转载布莱克特的这张照片，其反应式为：$_7N^{14} + _2He^4 \rightarrow _8O^{17} + _1H^1$。

的碎片，其中一组标有箭头），这是因为硼的原子核被质子击中后会分解成三个相等的部分。[①]

另一张照片ⅢA显示了高速移动的氘子（由一个质子和一个中子形成的重氢原子核）与靶标材料中其他氘子之间的碰撞。[②]

照片中的较长轨迹对应质子（$_1H^1$核），而较短的轨迹则是原子量为 3 的氢原子核，我们称为氚核。

组成原子核的核子不仅有质子，还有中子，没有中子参与反应的云室照片注定可能是不完整的。

但是云室照片中不可能直接看到中子的轨迹，这些"核物理学的黑马"不带任何电荷，穿过云室也不会产生电离现象。不过好在我们可以通过别的办法感受到它的存在，这就好比我们看猎人打猎，只要看到枪口冒烟、看到鸭子从天上掉下来，你就一定会知道有一颗子弹击中了它，虽然大部分时候人们根本没有看到子弹的轨迹。同样地，在ⅢC的云室照片里，一个氮核分裂成一个氦核和一个硼核，前者向下、后者向上，我们很容易想到，一定有一个左边来的无形粒子狠狠撞了氮核一下子。事实上，这个无形的粒子就是中子，云室左壁镭和铍的混合物则扮演了中子发射器的角色。[③]

把中子源的位置和氮原子发生分裂的点联系起来，就可以得

---

① 反应式是：$_5B^{11}+_1H^1 \rightarrow {}_2He^4+_2He^4+_2He^4$。

② 反应式是：$_1H^2+_1H^2 \rightarrow {}_1H^3+_1H^1$。

③ 反应式如下：（a）产生中子：$_4Be^9+_2He^4 \rightarrow {}_6C^{12}+_0n^1$，其中 $_2He^4$ 代表来自镭的 α 粒子；（b）中子撞击氮原子核：$_7N^{14}+_0n^1 \rightarrow {}_5B^{11}+_2He^4$。

到中子的运动轨迹。

照片Ⅳ显示了铀核的裂变过程。这张照片由包基尔德（Boggild）、布罗斯特伦（Brostrom）和劳里森（Lauritsen）拍摄，轰击靶是一个覆有铀层的铝箔，轰击之后，两个碎片沿相反方向飞出。当然，引发裂变的中子和由此产生的中子都没有显示在照片上。得益于各种粒子加速器，我们可以获得各种类型的核反应，不过现在先讨论另一个更重要的问题：照片Ⅲ和照片Ⅳ代表了单个原子裂变的情况，为了把1克硼完全变成氦，我们需要击碎55,000,000,000,000,000,000,000原子，而目前最强大的电子加速器每秒大约产生1,000,000,000,000,000个高速粒子，因此，即使每个粒子都能击碎一个硼核，加速器也必须运行5500万秒才行，也就是大约两年的时间。

然而，各种加速器的实际效率比这还要小得多，通常轰击靶标物质的几千个粒子中只有一个能成功引发核裂变。原因并不复杂，原子核周围包裹着厚厚的电子层，这些电子会拖慢带电粒子的运动速度。而且，由于整个原子占据的空间比目标原子核大得多，我们没办法直接瞄准原子核，所以每个入射粒子必须穿透众多原子的外层电子，才能击中一个原子核。如图72所示，黑色实心球表示原子核，斜线阴影则代表核外电子层。原子和原子核直径比约为10,000：1，面积比为100,000,000：1。此外，带电粒子每穿过原子的一个电子层，能量就会减少大约万分之一，穿过10,000个原子后就会完全停下来。不难看出，在所有初始能量被电子层耗尽之前，10,000个粒子中只有一个粒子有机会击中原子核。所以，如果想要将 1 克硼彻底转化成氮，一台现代原子对撞机至少得运转两万年！

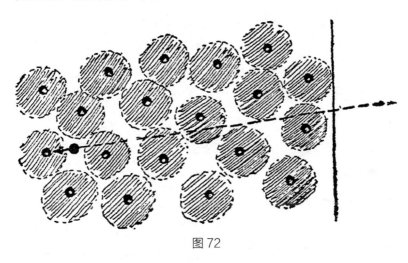

图 72

4. 核物理学

"核子学"其实是个非常不恰当的词，但并不妨碍人们使用它，同样的词还有很多，比如"电子学"，描述的其实是自由电子束实际应用的广泛领域。"核子学"指的也是大规模释放核能的实际应用科学。我们前面说过，除了银以外，各种化学元素都是潜在的"核燃料"，较轻的元素可以用于核聚变，较重的元素可以用于核裂变。除此之外，还可以人工加速带电粒子进行核轰击，不过这种应用仅限于理论研究，因为反应效率实在太低了，指望大规模着实是种奢望。

α 粒子、质子等普通核子主要受限于本身的电荷，一则穿过原子的过程更容易损失能量，二则也很难接近被轰击材料的带电原子核。希望自然而然落在了不带电的粒子身上，人们希望用中子轰击各种原子核能够大规模释放核能。但这里又有一个问题，虽然中子可以轻易地在原子核之间穿梭，但自然界并不存在自由中子，即使有办法人为得从原子核中轰出自由中子，它也不会存在太长时间，比如人们可以以用 α 粒子轰击铍原子核产生一个自由中子，但它很快就又会被周围的其他原子核所捕获。

所以，要想得到可用于核轰击的强大中子束，我们就必须从某些元素的原子核中释放所有中子，而要想达到这个目标，我们又回到了那个万里挑一的老大难问题。

好消息是，有一个办法可以跳出这个恶性循环。如果中子能够轰击出更多的中子，那么中子就能够像兔子或细菌一样"增殖"，直到多到足以轰击一大块材料中的每个原子核。

核子学持续蓬勃发展，很快从纯粹研究物质内部特性的科学象牙塔走上了各大报纸的头版头条。这些激烈的政治讨论以及后来巨大的工业和军事发展，都是源于一个特殊的核反应发现。1938 年底，哈恩（Hahn）和斯特拉斯曼（Strassman）在研究铀核裂的过程中发现，期待重核裂变出的几乎相等的"轻"核去促进核反应是不切实际的，事实上，裂变产生的两个核碎片都带有大量电荷，电斥力使得它们不太可能接近其他原子核，这些碎片会迅速失去其最初的高能量，泯然于相邻原子的电子层中，无法产生进一步的裂变。持续的自发核反应还是要靠中子，如图 73 所示，两个"轻"核在最后被减缓之前都会发射出一个中子。

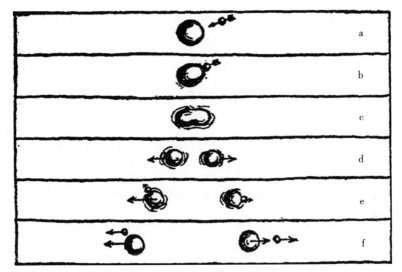

图 73　裂变过程的各个阶段

裂变的这种奇特后续效果有点儿像断裂的弹簧，当弹簧被拉断时，断开的两截会因弹性势能转化成动能而处于激烈的振动状态，想要静下来总需要有什么东西把多余的能量给带走。事实上，我们说的每个碎片发射出一个中子还只是统计结果，有的时候一个碎片还可能发射出两个甚至三个中子，当然这也意味着也有一些碎片一个中子也发射不出来。一个裂变碎片中射出中子数的平均值与振动的剧烈程度相关，而后者又取决于初始裂变过程中释放的总能量。前面我们说过，原子核越重，裂变过程中释放的能量也就越大，自然而然地，在元素周期表中位置越靠后，原子核裂变碎片产生的中子肯定也越多。每个金核的裂变产生的中子数就远小于 1，事实上金裂变的起始激励能量很高很高，高到目前还没有相关的实验案例，而铀核的裂变则能多产生一个中子，更重的钚裂变中每个碎片射出的平均中子数可能还会大于 1。

什么是自发增殖呢？比方说，入射中子为 100 个，那么反应发生后射出的中子显然一定要超过 100 个。是否能够满足这一条件则取决于两个方面，一是入射的中子中有多少是有效的，二是裂变中生成中子的平均数量。之所以还要考虑第一个因素，是因为虽然中子的确比带电粒子更有效，但它的动能也不能百分百地传递给原子核，无论新旧粒子都需要动能，如果能量在几个原子核之间耗尽的话也不能继续裂变反应，因此中子的反应效率也不是 100%。

当然，理论上讲，中子裂变效率会随着元素原子量的增加而增加，对于接近周期表末端的元素来说，裂变效率理论上接近100%。

为了更直观一点说明这种差别，我们看两组数据：

（a）假设有一种元素，中子裂变效率为 35%，每次裂变产生中子的平均数量为 1.6。在这种情况下，100 个原始中子激发 35 次裂变，得到 56 个下一代中子（35×1.6），中子的数量将随着时间的推移而迅速减少，每一代都只有前一代的一半左右。

（b）假设对于一种更重的元素，中子裂变效率为 65%，每次裂变产生中子的平均数量为 2.2。在这种情况下，100 个原始中子激发 65 次裂变，得到 143 个下一代中子（65×2.2），中子的数量每一代都会增长大约 50%，进而保证很短的时间内一直有足够的中子轰击样本中的每一个原子核。这种反应被成为渐进性分支链

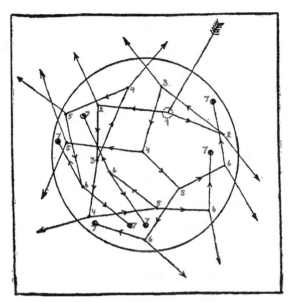

图 74

球形裂变物质上由一个中子引发的链式反应。尽管许多中子穿过表面逸散掉，但每一代中子数量都在增加，最终导致爆炸。

式反应，能够产生这种反应的物质称为裂变物质。

　　发生渐进性分支链式反应的必要条件其实非常苛刻，经过仔细的实验观测和深入的理论研究后，科学家们发现，自然界中只有一种元素的原子核可能发生这种反应，这就是著名的铀 235 原子核，它也是唯一的天然裂变物质。

　　然而，实际上自然界中绝大部分的铀都是更重的铀 238，准确比例是 0.7% 的铀 235 和 99.3% 的铀 238。不易发生链式反应的铀 238 就好比水，铀 235 则是一点就着的干柴，正是因为前者的存在才避免后者四处燃起"熊熊核火"，否则铀 235 早就被链式反应摧毁殆尽了。因此，为了能够利用铀235的能量，就必须把铀235从大量的铀238混合物中提取出来，再或者就需要设计一种避免重核干扰作用的方法。两种方法都行得通，也事实上都在用，这里仅作简单介绍。

要分离这两种铀的同位素其实是件非常困难的事情，至少无法通过普通的工业化学方法实现，因为二者的化学性质完全相同。唯一的区别就是一个重一些、一个轻一些，铀238比铀235重了大约1.3%，因此可以基于扩散、离心或离子束在磁场和电场中的偏转等分离铀238和铀235。所有的方法都是利用二者质量的不同，比如扩散的方式是由于较轻的物质扩散更快；而磁场分离则是利用二者偏转角度的差别。图75a、75b分别显示了两种主要分离方法的示意图。

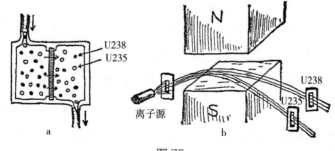

图 75

a. 扩散法分离同位素。包含有两种同位素的气体被泵入舱室左侧，然后透过中间的隔层扩散到另一侧，由于较轻的分子的扩散速度较快，铀235最终在右侧形成富集区；

b. 通过磁场分离同位素。离子束穿过强磁场的时候，含有较轻的铀同位素的分子偏转角度更大。当然，为了保证粒子束足够大，必须使用宽的狭缝，因此铀235和铀238两个离子束会部分重叠，只能实现部分分离。

　　但不论使用哪一种方法都不可能一步到位，两种铀同位素之间的质量差异实在太小，因此每种方法都需要重复进行很多次才能得到纯度较高的铀235。

　　还有一种更为巧妙的方法，那就是模拟天然铀中的链式反应。天然铀中的确存在链式反应，当然这很困难，原因在于较重的同位素会吸收铀235裂变产生的中子，从而阻断渐进式链式反应。因此，如果能够防止铀238核在铀235核之前绑架中子，就有可能继续链式反应。乍一看，这一点似乎很难实现，按照两种铀的比例，铀235核每吸收1个中子，铀238核要就要吸收140个以上。好在人们发现，两种铀同位素的"中子捕获能力"会因中子运动速度的不同而不同：如果是裂变核产生的快中子，两种同位素的中子捕获能力是相同的；对于中速中子来说，铀238核比铀235核的中子捕获能力要好一些；而对于慢中子而言，铀235核比铀238核的中子捕获能力要好得多。那么办法就来了，如果能够将裂变产生的快中子减速成慢中子，虽然铀235核仍然是少数，但它捕获中子进而发生链式反应的概率就会大大提高。

　　慢化剂的作用正在于此，重水、碳和铍盐都是理想的慢化剂，在天然铀中加入慢化剂能够有效降低中子的速度，同时又不会捕获太多中子。通常的做法是将大量的小块天然铀散布在慢化剂中，图76显示的正是这种"核反应堆"实际的运作原理。

　　我们知道，仅占铀矿0.7%的铀235是唯一能够支持渐进式链式反应的天然元素，但这并不妨碍科学家们人为地制造其他裂变物质。事实上，借助链式反应产生的大量中子，我们同样可以

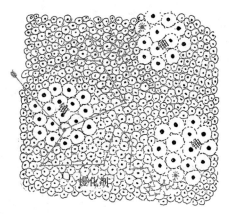

图 76

这张看起来像生物照片的图片代表了嵌在慢化剂物质（小原子）中的铀块（大原子）。左边铀块核裂变产生的 2 个中子进入慢化剂，并与慢化剂的原子核发生一系列碰撞逐渐减慢速度。当这些中子到达其他铀块时，它们的速度已经大大减慢，铀 235 原子核对慢中子的效率比铀 238 原子核高得多，因此减速后的中子也就容易被铀 235 核捕获。

把通常情况下不可裂变的原子核变成可裂变的原子核。

　　上面的"核反应堆"中就发生着这样的反应：慢化剂的存在的确大大降低了铀 238 捕获中子的概率，但仍有少量的中子会被铀 238 捕获，直接结果就是生成更重的铀同位素铀 239。不过，铀 239 也很不稳定，很快就会发射出两个电子，嬗变成原子序数为 94 新化学元素。

　　这个新的人工元素被称为钚（Pu 239），钚 239 的裂变性甚至比铀 235 还要更强。不仅如此，中子还可以与天然放射性元素钍 232 结合，然后发射两个电子，形成另一种人工裂变物质铀 233。

　　也就是说，从天然的裂变物质铀 235 开始，理论上可以通过不断的循环反应将自然界中的铀和钍全部转化为可裂变物质，进而大规模释放并利用核能。

那么我们可以粗略估算一下，地球上到底有多少核能可以用来造核电站或是原子弹。据估计，假设所有的铀235都可以参加反应并释放出核能，已知铀矿中的铀235可供使用几年；然而，考虑到铀238还能变成可裂变的钚239，核能足够我们使用几个世纪；再加上可以转变为铀233的钍，地球上的核能至少够用一两千年，所以"未来核能短缺"的确是杞人忧天了。

不仅如此，即使有一天我们用光了所有核原料，而且也没有发现新的铀矿或者钍矿，后辈们也可以通过普通岩石获取核能。岩石中含有很多化学元素，其中就包含微量的铀和钍，具体来说，每吨普通花岗岩中含有4克铀和12克钍。乍一看的确不多，但要知道，1千克的裂变物质足足抵得上2万吨TNT炸药，同时也等于2万吨汽油。换算一下不难得出，1吨花岗岩中有16克铀和钍，大约相当于320吨普通燃料，这些能量足以补偿复杂的分离过程——尤其是万一真的有一天，富矿消耗殆尽，我们甚至别无选择。

在征服了重核裂变之后，物理学家们又盯上了轻核聚变——两个轻元素的原子核融合在一起，可以形成一个更重的原子核，同时释放出巨大的能量。第十一章中我们将会看到，太阳上每时每刻都在进行这种核反应，在太阳内部的超高温度作用下，普通的氢核持续结合成较重的氦核，太阳的能量正是来源于此。对于人类而言，"核聚变"的最佳材料是重氢，也就是氘，普通的水中就有少量的氚。氚核由一个质子和一个中子组成，两个氚核发生反应可以生成氦 3 或氚，同时释放出一个中子或一个质子：

$$2 个氚核 \rightarrow {}_2He^3 + 中子$$
$$2 个氚核 \rightarrow {}_1H^3 + 质子$$

　　第一个实现核聚变的装置是氢弹，工程师们先用原子弹产生超高温度，然后在高温下引发氚的热核反应，只不过，和平利用热核反应看起来依然有很多障碍需要克服。首先要解决的难题是如何束缚极高温度的气体，从而避免容器壁被熔化或气化，目前科学家们的主要设想是利用强磁场将氚核约束在中央热区内，避免氚子接触容器壁。①

---

① 2022 年 12 月，美国加州劳伦斯·利弗莫尔国家实验室 (LLNL) 首次成功在核聚变反应中实现净能量增益，通过激光提供的 2.05 兆焦耳能量将氢融合成氦，并在此过程中释放出 3.15 兆焦耳的能量，这是可控核聚变研究的"里程碑式"突破。——译者注

第八章
无序规则

1. 随机热运动

倒上一杯水，你会看到一种均匀一致的透明液体，只要不摇晃杯子，就看不到任何的内部运动。然而，"水波不兴"只是表面现象，如果将其放大几百万倍，你就会发现大量独立的分子紧密地挤在一起，形成粗粝的颗粒结构。

在同样的放大镜下，也可以看出水远非静止不动，它的分子处于剧烈的运动状态，你推我挤，与高度兴奋的人群别无二致。水分子或任何其他物质分子的这种不规则运动被称为热运动，这个名字的由来很简单，它正是造成热现象的原因。虽然分子运动和分子本身不能被人眼直接分辨出来，但正是分子运动对人体神经纤维产生了某种刺激，我们才感受到了"热"的感觉。对于那些比人类小得多的生命体，例如，悬浮在水滴中的小细菌，热运动的影响则要明显得多，这些可怜的生物被来自四面八方的不安分分子不停地推挤、踢打，使它们永远地得不到休息（见图

77）。这种有趣的现象被称为布朗运动，最早由英国植物学家罗伯特·布朗（Robert Brown）发现并因此而得名。一个多世纪前，布朗在研究微小植物孢子时首次注意到这种现象，悬浮在任何一种液体中足够小的颗粒都会产生布朗运动，飘浮在空气中的微小烟尘颗粒也会表现出同样的现象。

如果我们加热液体，悬浮在其中的微小颗粒会舞动得更加剧烈；而随着液体冷却，运动强度也将明显减弱。毫无疑问，这里看到的正是物质微观热运动的效果，而通常所说的温度不过是对分子激烈程度的一种度量。通过研究布朗运动与温度的相关性，人们发现在 –273℃即 –459 ℉的温度下，物质的热运动将完全停止，所有的分子都静止下来。这显然就是最低的温度，也被命名为"绝对零度"。如果有人谈论更低的温度将是荒谬的，因为显

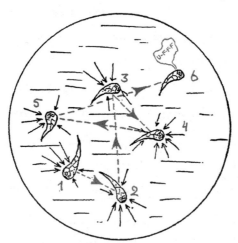

图 77　一个"被分子撞击的细菌"换了 6 个位置
（示意图的物理原理是正确的，但细菌学上实际情况并不完全如此）

然没有比绝对静止更慢的运动！

　　当温度接近绝对零度时，任何物质分子的能量都非常小，内聚力会将它们黏合成一块固体，而它们所能做的只是在冰冻状态下轻微地颤动。当温度上升时，颤动变得越来越强烈，在某个阶段，分子获得了一些自由度，开始相互滑动，冰冻物质的固体变成了液体，这种熔化过程必须在特定的温度下才会发生，熔化时的温度取决于分子内聚力的强度。有些材料，比如氢气，再比如构成大气的氮气和氧气，分子的内聚力非常弱，热运动在相对较低的温度下就可以打破冻结状态。因此，氢气只有在温度低于 14K（–259℃）时才表现为固态，而固体氧气和氮气也分别会在 55K 和 64K（–218℃和–209℃）时熔化。一些物质分子间的内聚力更强，它们在更高的温度下也仍然是固体，例如，纯酒精在 –114℃下仍然是固态，而冷冻的水（冰）要在 0℃下才能融化。还有一些物质在更高的温度下也依然是固体，铅的熔点为 327℃，铁的熔点为 1535℃，而稀有金属锇的熔点更是高达 2700℃。尽管物质在固体状态时，分子被牢牢束缚在固定的位置，但这并不意味着它们完全不受热运动的影响。事实上，根据热运动的基本定律，在一定温度下，无论是固体、液体还是气体，所有物质每一个分子的能量都是一样的，区别只在于，在某些物质中，这些能量足以帮助分子摆脱束缚、自由运动，而另一些物质分子则只能在原地剧烈颤动，就像被短链拴住的狗一样。

　　借助前一章所述的 X 射线，可以清楚地看到固体分子的这种热颤动或振动，拍摄晶格中分子的照片需要相当长的时间，所以在曝光期间，它们无法离开自己固定的位置。但是，分子在固定位置周围的不断颤动还是会导致照片变得模糊，照片Ⅰ中这种影响清晰可见。因此，为了拍出清晰的晶格照片，通常需要把它们浸泡在液态空气中，随着温度降低，热运动减慢，照片当然也就会更加清晰。自然而然地，如果把晶体加热，照片也会变得越来越模糊。一旦达到熔点，分子离开原本的位置在液体中不规则地移动，规律、清晰的晶体照片也随之成为奢望。如图78所示。

固体材料熔化之后，尽管热运动足以让分子离开固定的晶格位置，但在内聚力的作用下，分子并不会完全分离。如果温度继续升高，内聚力便无法再将分子凝聚在一起，物质将处于气态，

图78

气体分子在特定的容器中四处飞散。与熔点一样，不同材料的沸点也各不相同，内聚力较弱的沸点也相对较低。这个过程还要考虑外部压力的影响，外部压力可以帮助内聚力约束分子，因此沸点还与液体所处的压力有关。举个例子，用同样的水壶烧水，盖上盖子之后更容易煮沸，而在大气压力明显更小的高山之巅，水的沸点更是远远低于 100℃，用这种方法还可以计算特定地点的海拔高度——首先测量水沸腾的温度，再换算出大气压力，然后据此估算测量点距离海平面的距离。

这里友情提示一下，千万不要学马克·吐温（Mark Twain），他就曾把一个含有氧化铜的无氧气压计放入沸腾的豌豆汤中，结果嘛，海拔没测出来，倒是盛出了带铜的"气压计汤"！①

一种物质的熔点越高，沸点也就越高。例如，液氢的沸点为 −253℃，液氧和液氮的沸点分别是 −183℃ 和 −196℃，酒精的沸点为 78℃，铅、铁的沸点高达 1620℃、3000℃，而铱更是 5300℃时才会沸腾。②

美丽的固体晶体结构被打破后，分子先是像一群虫子一样挤成一团，然后又像一群受惊的鸟儿一样飞散，但乱如后者也仍然不是热运动破坏力的极限。如果温度进一步上升，分子本身也会受到威胁，随着碰撞越来越剧烈，分子将分解成独立的原子，这种现象被称为热解离，热解离性质因物质而异，取决于受其影响的分子自身的相对强度。一些有机物质的分子在低至几百度的

---

① 见马克·吐温《漫游外国记》。
② 所有数值均为一个大气压下的数值。

"低温"下就会分解成独立的原子或原子团，而水等其他更坚固的分子则需要超过 1000℃才能被破坏。温度继续上升到几千摄氏度时，分子全部不复存在，物质将成为纯化学元素的气态混合物。

这就是太阳表面的情况，太阳表面温度高达 6000℃。不过，并不是所有恒星表面都不存在分子，光谱分析方法证明在比太阳"冷"一些的红巨星①大气层中，一些分子仍然存在。

温度再继续升高，热运动带来的更频繁、更强烈碰撞不仅会将分子分解成原子，甚至还会还剥夺原子的外层电子，这种现象叫作热电离。温度上升到几万甚至几十万度时，热电离现象将会越来越明显，直至几百万度时，所有的外层电子都被完全剥离，物质变成了裸核和自由电子的混合物。这种实验室并不常见的情况，在恒星内部倒是司空见惯，太阳内部就没有所谓的原子，只有原子核和电子高速运动、激烈碰撞。不过可以肯定的是，虽然原子已经彻底被破坏，但因为原子核仍然是完整的，物质仍然会保留其基本的化学特性，一旦温度下降，原子核就会重新捕获合适的电子，一切恢复如初。

如果想要使物质完全热解，也就是把原子核本身也分解成独立的核子（质子和中子），温度至少要上升到几十亿度。即使在最热的恒星内部，科学家们也没有发现如此高的温度，不过这种高温倒是可能存在于在几十亿年前的年轻宇宙。我们在本书最后

① "红巨星"是恒星燃烧到后期所经历的一个较短的不稳定阶段，这时恒星表面温度相对很低，但极为明亮，同时看起来恒星颜色是红的、体积又很巨大，所以被称为红巨星。

198 /

一章中将再次讨论这个令人兴奋的问题。

　　因此，我们看到，热运动的效果是一步步地破坏了基于量子定律精心构建的物质架构，并把这座宏伟的城堡摧残成一个个混乱的粒子，它们各自无序地运动，熙熙攘攘、激烈碰撞，没有任何规律可言，如图 79 所示。

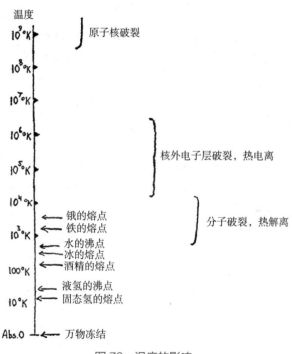

温度

$10^9°K$ ——原子核破裂

$10^8°K$

$10^7°K$

$10^6°K$

$10^5°K$ ——核外电子层破裂，热电离

$10^4°K$

——锇的熔点
$10^3°K$ ——铁的熔点
——水的沸点
——冰的熔点
$100°K$ ——酒精的熔点

——液氢的沸点
$10°K$ ——固态氢的熔点

Abs.0 ——万物冻结

——分子破裂，热解离

图 79　温度的影响

2. 如何描述无序的运动？

　　那么热运动是如此不规则，是不是完全没法用物理语言来

描述它？这一点倒是多虑了，事实上，有一种数学物理模型就叫"无序定律"，正是对付这种不规律运动的无上法宝，是研究大量原子随机统计行为的定律。听起来有点拗口对吧？

我们举个例子，也就是著名的"醉汉走路"问题。假设有一个醉汉本来一直靠在大型城市广场中央的灯柱上，没人知道他怎么在那里，也没人知道他啥时候来的。突然，醉汉决定要去一个特别的地方，说走就走，但是他的行进路线完全不可预测，如图 80 所示，忽左忽右、忽前忽后，如此反复，每走几步就会以一种完全随机的方式改变方向。那么问题来了，在醉汉转换 100 次方向之后，他与灯柱之间的距离是多少？你可能会认为，每次转向都不可预测，这个问题当然也就没有办法回答。不过仔细考虑一下就会发现，虽然我们无法确定醉汉的具体位置，但推测他与灯柱之间最可能的距离却并不难。为了用数学方法来解决这个问题，我们可以在人行道上画两个坐标轴，原点位于灯柱上，其中 X 轴指向我们自己，Y 轴指向右侧。假设 R 是醉汉经过 N 个"之"字形后距离灯柱的长度（图 80 的 N 为14），X_N 和 Y_N 是醉汉轨迹在相应轴上的投影，那么根据毕达哥拉斯定理：

$$R^2 = (X_1+X_2+X_3+\cdots+X_N)^2 + (Y_1+Y_2+Y_3+\cdots+Y_N)^2$$

其中 X 和 Y 可以是正数或负数，具体取决于醉汉在行走时是靠近还是远离灯柱。请注意，由于他的运动完全是无序的，所以理论上 X、Y 取正和取负的次数各一半。按照代数规则，计算结果如下：

图 80　醉汉行走

$$(X_1 + X_2 + X_3 + \cdots + X_N)^2$$
$$= (X_1 + X_2 + X_3 + \cdots + X_N)(X_1 + X_2 + X_3 + \cdots + X_N)$$
$$= X_1^2 + X_1 X_2 + X_1 X_3 + \cdots + X_2^2 + X_1 X_2 + \cdots + X_N^2$$

这个长累加和包含所有 X 的平方（X_1^2, X_2^2, $\cdots X_N^2$），也包含所谓的"交叉项"，如 $X_1 X_2$, $X_2 X_3$ 等。

到目前为止都是简单的算术，是基于醉汉行走这一行为的统计学结论。由于醉汉的行为完全是随机的，以灯柱为参考物的话，他可能在走近灯柱，也可能在远离灯柱，也就是说 X 的值正、负概率都是二分之一。不论看哪个"交叉项"，都一定能够找到另外一个与之数值相等但符号相反的对应"交叉项"。醉汉转向的次数越多，这种"交叉项"的相互抵消就越是彻底，最后式子里只剩下始终为正的 X 的平方项。

因此，$(X_1+X_2+\cdots+X_N)^2=X_1^2+X_2^2+\cdots+X_N^2=NX^2$，其中 X 代表每段路程在 X 轴上投影的平均长度。

同理，$(Y_1+Y_2+\cdots+Y_N)^2=NY^2$，其中 Y 代表每段路程在 Y 轴上的平均投影。必须说明的是，刚才所做的并不是严格意义上的代数运算，而是基于关于"交叉项"相互抵消的统计学论证，是无序运动的特性。由此可知，对于醉汉与灯柱的最可能的距离，结果如下：

$$R^2=N(X^2+Y^2)$$
$$R=\sqrt{N}\cdot\sqrt{X^2+Y^2}$$

每段路程在两个轴上的平均投影都是 45°，再次运用勾股定理，$\sqrt{X^2+Y^2}$ 必然等于每段路程的平均长度，假设平均长度为 1，则：

$$R=1\cdot\sqrt{N}$$

简而言之，经过一定次数不规则的转弯后，醉汉与灯柱的最可能距离正好等于他走过的每条直道的平均长度乘以转弯次数的平方根。

因此，如果醉汉在转弯前每次走一码（角度不可预测！），他很可能在总共走了 100 码后离灯柱只有 10 码。如果他没有转弯而是直走，他就会在 100 码之外——这表明，散步时保持清醒是绝对有利的。

这里我们给出的是"最可能的"距离，而不是具体某个醉汉的"确切"距离，统计学的基本特性正在于此。具体到个别醉汉，他可能根本不转弯，而是径直沿着直线远离了灯柱，这种可能性微乎其微，但的确存在；也可能每次都"向后转"，兜兜转转100次，最后还在灯柱前。但是，如果大量醉汉都从同一个灯柱出发，随机地"之"字形转来转去，且彼此互不干扰，经过足够长的时间，测算他们与灯柱之间的距离，你就会发现，平均距离与上面计算出来的结果不谋而合。图81中有6个这样的醉汉，醉汉的数量越多，在无序行走中转弯的次数越多，最后的结果就越符合统计定律。

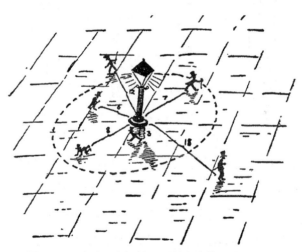

图81　6个醉汉在灯柱周围行走路线的统计分布

统计学的这种特性最适宜描述数量几乎无限多的微观颗粒，把醉汉换成植物孢子或悬浮在液体中的细菌，植物学家布朗在显微镜看到的景象与我们所描述的别无二致。尽管孢子和细菌并没有喝醉，但周围热运动的分子踢来踢去，它们也只能"醉醺醺"地逆来顺受，走出的正是毫无规则可言的"之"字形轨迹。

一滴水中也悬浮着大量的小颗粒，透过显微镜，你会发现它们也在做着布朗运动。你也可以找到一个所谓的"灯柱"，也就是说，某一时刻他们会相对集中在特定的小区域。随着时间的推移，这些小颗粒会逐渐分散到整个视野中，与那片小区域的平均距离也将正好和时间间隔的平方根成正比，就跟计算醉汉行走的平均距离一模一样（见图82）。

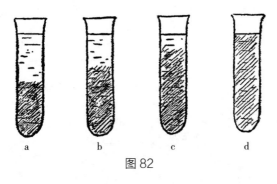

图82

同样的运动规律也适用于这滴水中的每个独立分子，当然我们实际上看不到独立的分子，即使想办法看到了，也没有办法将每次分子的运动区分出来。为了观察分子的无规则运动，我们必须使用两种颜色不同的分子。比如，可以在试管中加入一半紫色的高锰酸钾水溶液，然后慢慢地在上面注入一半的清水，可以看到紫色会逐渐渗透到清水中。只要等待的时间足够长，上下两部分迟早都会变成一样的颜色，这就是大家熟悉的扩散现象，其本质正是染料分子在水分子中的不规则热运动。

　　大家可以把每个高锰酸钾分子想象成一个小醉汉，因为受到其他分子的不断冲击，我们的高锰酸钾小醉汉不断地跌跌撞撞、随机走动。具体走了多少呢？我们知道，与气体中分子的排列不同，液体水分子排列得要紧密得多，每个分子在两次连续碰撞之间平均自由路径只有大约几亿分之一英寸；同时，分子在室温下的运动速度约为每秒十分之一英里，也就是说每个分子两次碰撞之间的时间间隔平均只有一亿分之一秒。因此，每个染料分子大约要参与一万亿次的连续碰撞，改变运动方向的次数亦是如此。平均自由路径长度为一亿分之一英寸，第一秒内分子运动的平均距离就是一亿分之一英寸乘以一万亿的平方根，由此可得平均扩散速度为每秒百分之一英寸。相比之下，如果没有这种随机的碰撞，高锰酸钾分子每秒能跑出去十分之一英里。

　　根据平均扩散速度不难计算出，如果你等待 100 秒，分子勉强能跑出刚才 10 倍（$\sqrt{100}$ =10）的距离；即使 10000 秒也就是大约 3 小时后，扩散距离也才有 100 倍（$\sqrt{10000}$ =100），约莫 1 英寸远吧！可见扩散是个非常缓慢的过程，所以要想水里加点甜，最好放糖后记得搅拌一下，否则等糖分自己扩散到整个杯子那可得一会呢！

　　扩散是分子物理学中最重要的过程之一，我们再举一个例子。把火钳的一端放入壁炉，过一段时间，你肯定得在另一端把手收回来，否则手就会被烫成猪蹄。大部分人仅凭经验就足以做出这一反应，但你可能不知道，这一现象反应的正是热量通过电子扩散沿金属棒传递的过程。是的，一个普通的铁制火钳实际上充满了电子，而且其他任何金属物体也都是如此。金属和玻璃等其他材料之间的区别就在于，金属的原子会失去外层电子，而电子就像前面普通的气体粒子一样，在金属晶格中到处游荡，同时参与不规则的热运动。

金属外层的表面力会阻止电子的逸出[①]，但在材料内部，电子的运动几乎是完全自由的。而如果在金属线两端施加一个电压，自由电子就会沿着电压的方向运动进而形成电流。与之相反，非金属中电子与原子结合得较为牢固，无法自由移动，通常是良好的绝缘体。

当金属棒的一端放在火中时，这部分金属中自由电子的热运动速度极速增加，快速移动的电子携带额外的热能不断扩散到其他区域。这就好比染料分子在水中的扩散，只不过这里的"醉汉"变成热电子，热电子遵循与醉汉一样的行为统计原理，"随机"地向冷电子区域扩散，热量沿金属棒传递的距离与时间的平方根成正比。

最后再讲一个与众不同的扩散例子。最后一章中我们会学到太阳，也会知道其能量源自内部化学元素之间的核聚变反应。这种能量通过密集辐射的形式被释放出来，之后由"光子"也就是光量子带到太阳表面。太阳的半径只有 70 万千米，如果光量子径直走直线，这个过程只需要两秒多钟。然而情况远非如此，在搬运能量的道路上，光量子要与其他原子和电子发生无数次的

---

① 当把金属线加热到高温时，其内部的电子的热运动变得更加剧烈，使得一些电子通过表面逸出，爱好无线电的都知道，电子管中正是如此。

碰撞。所以在这里，光量子也变成了"小醉汉"，当然它的平均自由路径要比分子大得多，达到了大约 1 厘米，太阳的半径是 70,000,000,000 厘米，要想从太阳中心走到表面，"光量子小醉汉"大约要跌跌撞撞走个 5×10^{21} 步 [①]。每一步的时间是 3×10^{-11} 秒，整个旅程为大约 5000 年。不妨对比一下，这短短的 70 万千米它要走 5000 年，而进入空旷的星际空间后，"光量子小醉汉"酒醒了，改走直线的它从太阳飞奔到 1.5 亿千米外的地球，耗时仅需 8 分钟。

3. 计算概率

扩散现象只是将概率统计应用于分子运动问题的一个简单例子，在进一步讨论并尝试理解熵定律之前，我们首先需要了解各类事件概率计算方法。该定律规定了每个物体的热行为，无论是一些液体的小液滴还是巨大宇宙中的恒星都遵循这一定律。

先看一下最简单的概率计算问题——掷硬币。大家都知道，在不作弊的情况下，掷一枚硬币得到正面或反面的概率是相等的。人们通常说正面或反面的概率各占一半，如果把得到正面和反面的概率相加，就是 1/2+1/2=1。"1"在概率统计中意味着确定性，你可以确定在掷硬币时，得到的肯定是正面或者反面，除非它滚到沙发下面，无迹可寻。

假设现在连续掷 2 次硬币，或者同时掷 2 枚硬币。将有 4 种

---

① $(7 \times 10^{10})^{2} \approx 5 \times 10^{21}$

不同的结果，如图 83 所示。

| 第一次 | 第二次 | 第三次 | 第四次 |

图 83　抛出两枚硬币时可能得到的 4 种组合

第一种情况你会得到两个正面，最后一种情况则会得到两个反面，由于顺序并不重要，所以中间的两种情况对你来说是一样的。也就是说，2 次正面的概率是 1/4，2 次反面的概率也是 1/4，而 1 次正面和 1 次反面的概率是 2/4 或 1/2。$\frac{1}{4}+\frac{1}{4}+\frac{1}{2}=1$，意味着你肯定会得到 3 种可能组合中的一种。现在看看如果掷 3 次硬币会发生什么。总共有 8 种可能性，如表 8-1 所示。

表 8-1　掷 3 次硬币正反面出现次数的 8 种组合

	I	II	II	III	II	III	III	IV
第一次	正	正	正	正	反	反	反	反
第二次	正	正	反	反	正	正	反	反

续表

	I	II	II	III	II	III	III	IV
第三次	正	反	正	反	正	反	正	反

你会发现 8 次中只有 1 次机会得到正面，得到 3 次反面的机会也一样。其余的可能性被平均分配为 1 次正面和 2 次反面，或者 2 次正面和 1 次反面，二者概率都是 3/8。

可能性增长得相当快，如果抛掷 4 次，就会有表 8-2 所示的 16 种可能性。

表 8-2 掷出 4 次硬币正反面出现次数的 16 种组合

	I	II	II	III	II	III	III	IV	II	III	III	IV	III	IV	IV	V
第一次	正	正	正	正	正	正	正	正	反	反	反	反	反	反	反	反
第二次	正	正	正	正	反	反	反	反	正	正	正	正	反	反	反	反
第三次	正	正	反	反	正	正	反	反	正	正	反	反	正	正	反	反
第四次	正	反	正	反	正	反	正	反	正	反	正	反	正	反	正	反

表中结果总计有 5 种：4 次都是正面或者 4 次都是反面的概率为 1/16，3 次正面、1 次反面或 3 次反面、1 次正面的概率为 4/16=1/4，正、反面各 2 次的概率为 6/16=3/8。

掷的次数越多，表格就会变得越来越长，纸上很快就写不下了。比如，如果掷 10 次，那将有 1024 种不同的可能性。当然，也完全没有必要画这么长的表格，我们可以从这些简单例子中总结一些概率规律，然后直接将其应用在复杂的概率问题中即可。

首先是概率的"乘法"定理。你会发现，如果掷 2 次硬币，得到 2 次正面的概率等于第 1 次和第 2 次分别掷出正面概率的乘积，也就是 1/4=1/2 × 1/2。这一规律同样也适用于掷 3 次或 4 次硬币——1/8=1/2 × 1/2 × 1/2、1/16=1/2 × 1/2 × 1/2 × 1/2。因此，如果有人问，掷 10 次硬币得到 10 次正面的概率是多少，你可以很容易地计算出概率等于 1/2 乘以 10 次。计算结果为 0.00098，概率确实很低，只有大约不到千分之一。这就是概率的"乘法"定理——两事件积的概率，等于其中一事件的概率与另一事件在前一事件已发生时的条件概率的乘积。换句话说，如果你有很多梦想，每一个实现的概率又都不是很高，想要同时实现所有梦想就是白日做梦、一枕黄粱。

另一条重要的规则是"加法"定理，也就是说，如果只想要几件东西中的一件，至于具体是哪件我们不挑剔，那么达成梦想的概率就是每个事件发生的概率之和。

用"加法"定理可以很好地解释连续掷 2 次硬币时各有 1 次正面、1 次反面的概率。你想要的其实是两种情况中的任意一种，要么"正面 1 次，反面 1 次"，要么"反面 1 次，正面 1 次"。这两种组合的概率都是 1/4，而得到其中任何一种的概率就是 1/4+1/4=1/2。

因此，如果你想要的是"那个，还有那个，还有那个……"，那就要把不同项目的各自数学概率相乘。而如果你想要的是"那个，或者那个，或者那个……"，需要做的则是把不同项目的各自数学概率相加。

　　在第一种情况下，随着事件数量的增加，得到一切的机会将越来越渺茫；而在第二种情况下，当你只想要几个事件中的一个时，随着可供选择的清单变长，得到满足的概率也会越来越高。

　　掷硬币的实验提供了一个很好的例子，随着样本数量的增多，概率定律也会变得更加精确。图84表示了在2次、3次、4次、10次和100次抛掷中得到正反面次数的相对比例。可以看到，随着抛掷次数的增加，概率曲线变得越来越陡峭，正反面各占一半的概率也越来越大。

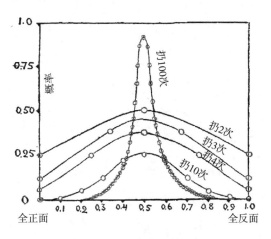

图84　反面和正面的相对比例

　　因此，如果你运气爆棚，连续掷出2次、3次甚至4次正面或反面都不足为奇，但在10次抛掷中，即使有90%的正面或反面都是很难的。对于更大的抛掷次数，例如100次或1000次，概率曲线变得像针一样陡峭锋利，你会发现，几乎所有结果都是正反"五五开"。

现在让我们用刚才学到的概率计算规则,来判断在著名的扑克游戏中遇到 5 张扑克牌各种组合的相对概率。

有的读者可能不知道这个游戏的规则,那我先简单介绍一下。每位玩家发 5 张牌,谁得到最大的组合,谁就可以获胜。我们在此省略换牌等额外的复杂情况,也不考虑心理策略等干扰带来的影响[虽然这种虚张声势的情况实际上是游戏的核心,丹麦物理学家尼尔斯·玻尔(Niels Bohr)甚至因此衍生出一种不用扑克的新游戏:玩家只需要根据自己虚拟的牌面互相虚张声势就行,但这不属于概率计算的范畴,只是一个纯粹的心理游戏]。

大家不妨练练手,计算一下扑克游戏中一些组合的概率。其中一种组合被称为"同花",也就 5 张相同花色的牌(见图 85)。

图 85 同花(黑桃)

如果你想拿到同花，那么第一张牌是什么并不重要，你只需要计算其他 4 张牌与第一张牌相同花色的概率。牌包里一共有 52 张牌，每种花色有 13 张，[①] 所以拿到第一张牌后，牌包里还有 12 张相同花色的牌。因此，你的第二张牌是相同花色的概率是 12/51。同样地，第三、第四和第五张牌是相同花色的概率分别是 11/50，10/49 和 9/48。我们希望所有 5 张牌都是相同的花色，所以必须应用概率乘法定理。得到同花的概率是：

$$\frac{12}{51} \times \frac{11}{50} \times \frac{10}{49} \times \frac{9}{48} = \frac{11880}{5997600} \approx \frac{1}{500}$$

这并不是说 500 手牌中你一定会得到同花顺。你可能没有得到，也可能得到两个。这只是概率计算，可能是你发了 500 多次牌也没有得到想要的组合，或者相反，你可能在第一次拿牌的时候就得到了同花。不过按照概率理论，你可能在 500 手牌中得到 1 次同花顺，通过同样的计算方法，如果玩 30,000,000 次游戏，你可能有 10 次得到 5 张 A（包括大小王）。

扑克中的另一种组合更加罕见，就是所谓的"满堂红"，牌面自然也更大。"满堂红"由"一对"和"三张"组成（即一对同样点数的牌分别是两个花色，三张同点数牌则分三个花色——如图 86 中的 2 个 5 和 3 个 Q）。

如果你想得到满堂红，先拿到哪两张不同点数牌也并不重要，但当你拿到这两张牌时，剩下的三张牌中的两张必须与其

---

① 这里不考虑"王牌"，一般而言"王牌"是"满天飞"，可以替换任何牌。

图 86 满堂红（三带二）

中一张相匹配，而另一张与另一张相匹配。因为有 6 张牌可以和你手上的牌相匹配（如果你开始有一张 Q 和一张 5，那么牌堆里还剩下 3 张 Q 和 3 张 5），第三张牌称意的概率是 6/50，第四张牌称意的概率是 5/49，因为现在 49 张牌中只剩下 5 张正确的牌，而第五张牌称意的概率是 4/48。因此，满堂红的总概率是：

$$\frac{6}{50} \times \frac{5}{49} \times \frac{4}{48} = \frac{120}{117600}$$

大约是同花概率的二分之一。

类似地，我们也可以计算其他组合的概率，例如，"顺子"（5张牌点数相连），也不难考虑王牌、换牌等带来的概率变化。

通过这样的计算，人们发现扑克游戏中，出现概率越小的组合价值就越高。我们不知道这样的安排是由古代的某个数学家提出的，还是由世界各地赌场里数以百万计的玩家冒险建立的纯粹经验之谈。如果是后者，那也必须承认，我们在这里对复杂事件的相对概率进行了很好的统计研究！

另一个有趣的概率计算是"生日冲突"的问题。试着回忆一下，你是否曾经在同一天被邀请参加两个不同人的生日聚会。你可能会说，这种双重邀请的概率非常小，因为你只有大约24个朋友可能邀请你，而一年中有365天，因此，有这么多可能的日期可以选择，24个朋友中有两人在同一天切生日蛋糕的概率会很小。

然而，你的判断是完全错误的，事实上，在一个24人的公司里，一对、甚至是几对生日重合概率相当之高，有这种巧合的概率比没有巧合的概率还要高。

你可以制作一份包括24人的生日名单来验证这一事实，或者更简单地说，这些人的名字可以是《美国名人录》等随机打开的任何一页，你要做的只是重复掷硬币和扑克牌案例上所熟悉的概率规则即可。

首先尝试计算一下，在一个有24个人的公司里，每个人的出生日期都不一样的可能性。让我们问问这群人中的第一个人，他的出生日期是什么？当然，这可能是一年中365天中的任何一天。现在，第二个人的出生日期与第一个人的出生日期不同的可能性的概率是多少呢？由于这个（第二个）人可能在一年中的任何一天出生，因此，在365天中有一个机会让他的出生日期与第一个人的出生日期一致，而在365天中有364个机会（即364/365的概率）不一致。同样，第三个人的出生日期与第一个或第二个人出生日期不同的概率是 363/365，因为一年中的两天已经被排除。那么，我们接下来询问的人的出生日期与我们之前接触过的人不同的概率依次是 362/365，361/365，360/365⋯依此类推，直到最后一个人，而与这个人对应的概率（365−23）/365，或者说 342/365。

所有人生日不重合的概率有多大呢？必须将上述所有概率分数相乘：

$$\frac{364}{365} \times \frac{363}{365} \times \frac{362}{365} \times \cdots \times \frac{342}{365}$$

使用一些数学技巧，人们可以在几分钟内得出乘积，但如果你不知道这些技巧，也可以通过直接相乘的苦差事来解决这个问题，这也并不会花很多时间，[①]结果约为 0.46，表明没有生日冲突的概率略低于二分之一。换句话说，在你的二十几个朋友中，没有两个人在同一天过生日的概率只有 46%，而有两个或更多的人过生日的概率是 54%。因此，如果你有 25 个或更多的朋友，并且从未被邀请参加同一日期的两个生日聚会，可以得出结论：要么你的大多数朋友不组织他们的生日聚会，要么他们只是没有邀请你参加而已。

生日冲突问题是一个非常好的例子，说明关于复杂事件概率的常识性判断可能是完全错误的。作者向许多人提出过这个问题，包括许多著名的科学家，除了一个匈牙利数学家之外，

---

① 如果可以的话，请使用对数表或计算尺！

所有人都选了错误的结果。甚至不惜为此打赌，赔率从 2∶1 到 15∶1 不等，如果他接受了所有赌注，那么他现在应该已经是个富翁了！

再啰唆最后一遍，根据给定的规则计算不同事件的概率，并挑选出其中最可能发生的事件，我们根本无法确定这是否是将要发生的事情。除非我们所做的测试数量达到数千、数百万或更好的数十亿，否则预测的结果只是"可能"，绝对不是完全"确定"。因此，在处理相对较少的测试时，概率法则的统计特性不利于各种密码的破译，这些密码和密码图只限于相对较短的音符。例如，让我们研究一下埃德加·爱伦·坡（Edgar Allan Poe）在他的名作《金甲虫》中描述的一个著名案例。

他告诉我们，有一位勒格朗（Legrand）先生，某一天他在南卡罗来纳州一个荒芜的海滩上散步，偶然捡到一张半埋在湿沙中的羊皮纸。当勒格朗先生回到海滩小屋后，借着温暖的火光照耀，羊皮纸上露出了一些神秘的字符，这些字符用特殊的墨水写成，冷的时候看不见，但加热后就变成了红色，相当清晰。其中有一张骷髅头的图片，表明这份文件是由海盗所写，还有一个山羊的头，毫无疑问这个海盗就是著名的基德船长，此外，几行印刷体的标志显然是一个隐藏宝藏的位置（见图 87）。

我们相信埃德加·爱伦·坡的权威研究，认为 17 世纪的海盗们熟悉分号和引号等印刷符号，同时也使用其他一些符号：䡓、¶、†。

由于需要钱，勒格朗先生动用了他所有的智慧，试图破译

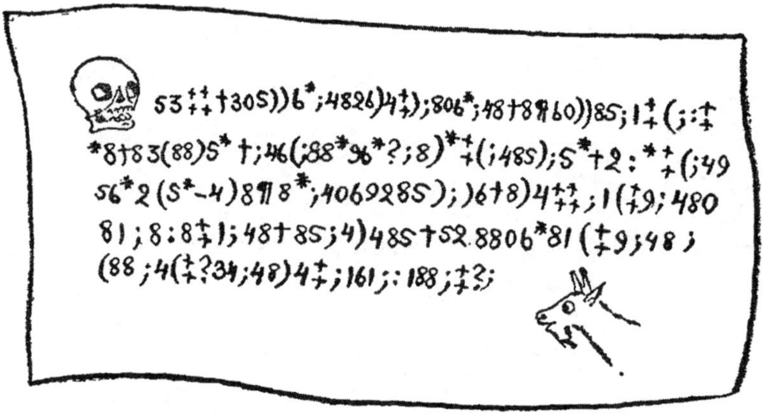

图 87　基德船长的密文信息

这个神秘的密码图，最后根据英语中不同字母出现的相对频率完成了破译工作。他的方法基于这样一个事实：如果你计算任何英语文本中不同字母的数量，无论是莎士比亚十四行诗还是埃德加·华莱士的神秘故事，都会发现，字母"e"的出现频率最高。在"e"之后，字母出现频率高低顺序分别是：a, o, i, d, h, n, r, s, t, u, y, c, f, g, l, m, w, b, k, p, q, x, z。

　　通过统计基德船长密码图中出现的不同符号，勒格朗先生发现，信息中出现频率最高的符号是数字 8。"啊哈，"他说，"这意味着 8 很可能代表字母 e。"

　　事实上，在这种情况下他是对的，但当然这只是非常"有可能"，而不是完全"确定"。如果密文说的是"你会在离鸟岛北端的老屋向南两千码的树林里的一个铁盒子里找到很多黄金和硬币"（You will find a lot of gold and coins in an iron box in woods two thousand yards south from an old hut on Bird Island's north tip），这句话甚至不包含一个"e"！但好在概率法则对勒格朗先生是有利的，他的猜测确实是正确的。

　　在第一步获得成功后，勒格朗先生信心更足了，他以同样的方式继续，按照字母出现的概率顺序——对应。如表 8-3 所示，我们给出了在基德船长密文中出现的符号，并按其相对使用频率排列。

表 8-3　符号出现次数统计表

符号"8"出现了 33 次	e	e
;　26	a	t
4　19	o	h
‡　16	i	o
(　16	d	r
*　13	h	n
5　12	n	a
6　11	r	i
†　8	s	d
1　8	t	
0　6	u	
g　5	y	
2　5	c	
i　4		
3　4	g	g
?　3	l	u
¶　2	m	
—　1	w	
.　1	b	

　　右边的第一列包含了按相对频率排列的英文字母。因此，我们可以合乎逻辑地认为，左边宽列中所列的符号对应于右边第一窄列中的字母，但是使用这种排列方式，我们发现基德船长密文的开头是 ngiisgunddrhaoecr……

得到的是……呃！一头雾水！

发生了什么事？难道老海盗狡猾地使用了一些特殊的词汇？或者这些词汇中的字母并不遵循英语词汇的频率规则？当然不是，准确地讲，是因为密文文本不够长，无法进行良好的统计采样，统计频率在样本不足的情况下与最可能的字母分布之间存在偏差。如果基德船长把藏宝信息记录得足够精细，密文能够写满几页纸或是整整一卷书，那么勒格朗先生的词汇统计肯定会无限接近最可能的字母分布，他也就能够借助概率统计找到基德船长的宝藏。

这就好比如果你扔一枚硬币 100 次，几乎可以肯定它有 50 次是正面朝上的，但只扔 4 次，可能有 3 次是正面、1 次是反面，或者 3 次是反面、1 次是正面。试验次数越多，概率法则的预测就越准确。

由于密码图中的字母数量不足，简单的统计分析方法失败了，勒格朗先生不得不使用不同词汇的详细结构分析。于是，他发现，如果出现最频繁的符号 8 代表 e，88 的组合在这个相对较短的信息中经常出现（5 次），众所周知，字母 e 在英语单词连续出现并不罕见（如：meet, fleet, speed, seen, been, agree 等）。此外，如果 8 真的代表 e，它会作为 "the" 这个词的一部分出现。检查密码图的文本，我们发现，在短短的几行中，";48" 这个组合出现了 7 次；如果 ";48" 就是 "the"，那么 ";" 代表 "t"，4 代表 "h"。

读者可以参阅埃德加·爱伦·坡的原著，书中有关于破译基德船长信息的更多细节，该信息的完整文本最终为："主教客栈的魔鬼座位上有个精致的玻璃杯。转向北偏东 41 度 13 分，你会看到一棵树，在主干东侧的第七根枝丫，从骷髅头的左眼开一枪，然后从树下出发，沿着子弹的轨迹向外走 50 英尺。"

勒格朗先生最终破译了密文，不同字符的正确含义显示在表 8-3 的最右边一列，你会发现它们与最可能的字母分布不完全一致。这是因为文本太短，没有足够的样本让概率统计大显神威。但是，即使在这个小的"统计样本"中，我们依然能够看到字母遵循概率统计的大致趋势，如果样本数量比这片牛皮纸多得多的话，这种趋势几乎肯定会成为可靠的规律。

保险公司都是玩概率的高手，所以大部分保险公司都从来不会破产。除此之外，似乎只有一个例子证明大量试验足以验证概率法则的预测结果，也就是所谓条纹纸和一盒火柴的故事。

如果想做这个实验，可以简单地取一张大大的纸，在上面画一些平行等距的条纹，然后再取一盒火柴——什么火柴都行，只要火柴长度比条纹间距略短。

还需要了解一下希腊文的"π"，读作"派"，不过这可不是什么好吃的，而是一个希腊字母，相当于英语字母中的 p。π 还是一个著名的数学常数，用来表示圆的周长与直径的比值，值等于 3.1415926535…（人们已经知道，小数点后还有很多位，但我们这里并不需要它们）。

现在，如图 88 所示，把画有条纹的纸铺在桌子上，从半空中把火柴扔下，看看火柴落在了什么地方。具体来说，火柴可能全部落在一个条纹内，也可能落在两个条纹之间的边界上。那么这两种情况发生的概率是多少呢？

图 88

重复上面计算概率的步骤，首先看看有几种可能性。呃……一根火柴可以以无数种不同的方式落在一张纸上，怎么计算所有的可能性呢？

不过仔细研究一下，我们不难发现：火柴和条纹的相对位置其实可以用两个物理量来描述，一是火柴中点距离条纹边界的距离，二是火柴与条纹边界的夹角。

了方便起见，我们假设火柴的长度等于条纹的宽度，每个都是两英寸。如图 89 所示，上述两个物理量可以描述火柴位置的三种典型情况：

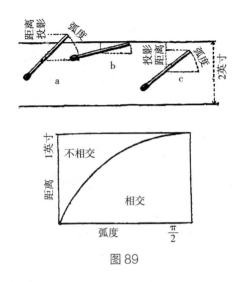

图 89

如 89a 所示，火柴中点距条纹边界较近，夹角较大，那么火柴将与边界线相交。

如 89b 所示，火柴中点距条纹边界较近，夹角较小，那么火柴将位于某个条纹内。

如 89c 所示，火柴中点距条纹边界较远，哪怕夹角较大，那么火柴也将位于某个条纹内。

更确切地说，如果火柴的一半在垂直方向上的投影大于条纹宽度的一半，火柴将与边界线相交，反之则位于某一条纹内。我们将这种数学语言翻译为图 89 下半部分的图形，其中横轴表示夹角，纵轴表示火柴中点距边界线的距离，同时也是对应弧度的正弦值。不难看出，夹角为 0 时，火柴与边界线平行，夹角正弦值等于 0；夹角为 π/2 时，火柴与边界线垂直，夹角正弦值等于

1。如果夹角介于 0 和 $\pi/2$ 之间，正弦值就是我们熟悉的正弦曲线，当然 0 到 $\pi/2$ 之间的曲线只有完整正弦曲线的 1/4。

构建了这个图后，我们可以很方便地计算落下火柴与边界线相交与否的概率。事实上，正如我们在上面所看到的（图 89 上半部的 3 个例子），如果火柴中点离边界线的距离小于正弦值，那么火柴就会越过条纹的边界线。这意味着，这样的点必然落在图 89 下图正弦曲线的下方，相反，坐标落在正弦曲线上方的点就代表火柴与边界线不相交。

因此，根据概率计算规则，火柴与边界线相交与否的概率之比等于曲线下方与曲线上方的面积之比，这两个事件的概率可以用两个区域除以整个矩形的面积来计算。数学上不难证明，图中正弦曲线的面积正好等于 1，矩形总面积是 $\dfrac{\pi}{2} \times 1 = \dfrac{\pi}{2}$，所以火柴越过边界线的概率为 $\dfrac{1}{\pi/2} = \dfrac{2}{\pi}$。

我们居然在这里看到了圆周率常数 π，这一有趣的现象由 18 世纪科学家布丰伯爵（Count Buffon）首次提出，因此，现在的火柴和条纹问题也叫布丰问题。

勤奋的意大利数学家拉兹瑞尼（Lazzerini）为此做了一个真实的实验，他抛出了 3407 次火柴，其中 2169 次与边界线相交。代入布丰方程我们得到 $\pi = \dfrac{2 \times 3407}{2169} \approx 3.1415399$，这一结果与真实的 π 值相差不多了。这个有趣的实验充分证明了，只要实验次数足够多，概率定律完全靠得住。你也可以测量 "2" 这个数，具体做法是掷几千次硬币，然后数数正面朝上的次数，用总次数除以正面朝上的次数，应该能得到：2.000000… ——是的，我保证你的结果与拉兹瑞尼对 π 的测定一样，误差小到可以忽略不计。

4."神秘的"熵

综上所述，如果只是在日常生活中，概率统计样本数量往往太小，结果也常常不尽如人意。概率统计天然是为大样本而生的，特别适合描述数量几乎无限的原子或分子。因此，虽然"醉汉走路"的统计定律只能提供半打醉汉的近似结果，比如实际上可能 6 个醉汉每人都是转了二十几个圈。但将其应用于数十亿个染料分子，每秒数十亿次碰撞，结果却完美符合最严格的物理扩散定律了。我们还可以说，最初只占试管一半的染料，迟早会通过扩散过程均匀地扩散到整个液体中，因为这种均匀分布比原来的分布可能性更大。

出于同样的原因，你坐在房间里阅读这本书，从墙到墙、从地板到天花板都均匀地充满了空气，而你甚至从未想过房间里的所有空气会聚集在某个遥远的角落，从而导致坐在椅子上的你窒息。然而，这种可怕的事件在物理上并非完全不可能，只是概率极低而已。

这一点不难理解，试想一个房间被垂直平面分成两半，那么空气分子在这两部分之间最可能的分布是什么样的呢？这个问题与上一章讨论的掷硬币问题其实是一样的。一个分子与每次掷出的硬币别无二致，硬币正反皆有可能，分子也会随机选择房间左边或右边，概率各二分之一。

　　第二个、第三个和所有其他分子也一样，不管其他分子在哪里①，都不影响它们自由选择左右。而整个的分布结果嘛！正如图84所示，"五五开"的可能性最大。而且随着抛掷次数的增加，也就是这里几乎无限的空气分子的数量，50% 的概率值变得越来越大，当这个数字变得非常大时，实际上这种分布几乎就变成了一种确定性。

　　不妨做个简单的计算，一个平均大小的房间里大约有 10^{27} 个分子②，所有这些分子同时聚集在房间右边的概率是：

$$\left(\frac{1}{2}\right)^{10^{27}} \approx 10^{-3 \times 10^{26}} = \frac{1}{10^{3 \times 10^{26}}}$$

　　另一方面，空气分子以每秒约 0.5 千米的速度移动，只需要0.01 秒就能从房间的一端移动到另一端，分子在房间中的分布情况每秒都会变化 100 次。不难计算，要实现空气的右侧聚集需要$10^{29999999999999999999999998}$ 秒，而宇宙的总年龄只有 10^{17} 秒！因此，你大可以继续安静地阅读，完全不必担心突然被憋死。

　　再举一个液体的例子，比如放在桌子上的一杯水。我们知道，由于不规则的热运动，水分子会向所有可能的方向高速运动，然而，由于彼此之间的内聚力，它们不会四下飞散。

　　每个独立分子的运动方向完全由概率法则所支配，有人曾

---

①　事实上，由于独立的气体分子之间的距离很大，虽然一定体积内存在大量的分子，但空间一点也不拥挤，也无法阻止新分子的进入。

②　一个 10 英尺 ×15 英尺 ×9 英尺的房间，体积为 1350 立方英尺，也就是5×10^7 立方厘米，含有 5×10^4 克的空气。空气分子的平均质量是 $30 \times 1.66 \times 10^{-24} \approx 5 \times 10^{-23}$g，因此分子总数为 $5 \times 10^4 / 5 \times 10^{-23} \approx 10^{27}$。

试着考虑这样一种可能性：在某一时刻，一半的分子正好向上运动，另一半分子正好向下运动[1]。而前一半正好是杯子上半部分的分子，后一半分子又正好处于杯子的下半部分。上下两个部分的分子齐心协力，分界面上的内聚力无法抵抗它们"各奔上下的共同愿望"，这时就会一种不寻常的物理现象——杯子上半部分的水如子弹出膛般自发地射向天花板。

也有人曾试着考虑另外一种可能性：某一时刻，热运动快的都是上半部分的分子，也就是说大部分的热运动能量都集中在杯子上部，下半部分凝结成冰，上半部分则开始自发沸腾。

为什么我们从未见过这些事情发生呢？老实说并非绝对不可能，只是它们发生的概率极低罢了。简单计算下就会明白，分子沿各个方向随机运动，某一时刻确实会因纯粹的偶然性呈现"半上半下"的运动状态，但这种概率与空气分子聚集在一个角落的概率一样小。同样的，分子彼此间相互碰撞，的确存在动能聚集在特定某群分子上的可能性，但这种可能性实在太小了，完全可以忽略不计。就实际能够观察到的分子运动而言，它们总是按照可能性最大的情况在运动。

即使初始位置或速度处于所谓的"特殊状态"，系统也会从不太可能的"特殊状态"变成最可能的状态。比如，在房间的一个角落放出一些气体，它们很快就会均匀扩散直至填满房间；再比如，在冷水上倒入一些热水，热量将从杯子顶部向底部持续传

---

[1] 只可能是这种五五开的分布，因为所有分子沿同一方向运动不符合动量守恒定律。

递，直到所有的水都具有相同的温度。所以我们可以说，"所有依赖于分子不规则运动的物理过程都会朝着概率增加的平衡状态发展，如果没有外力干扰，其平衡状态就是系统概率最大的状态。"表述各种分子分布状态的概率通常实在是太小了，例如房间中的空气集中在一边的概率是 $10^{-3 \times 10^{26}}$，所以人们引入了一个新的概念——"熵"，熵是用于表示物质不规则热运动的物理量，在数学上等于概率的对数。因此上述物理过程演变的趋势也可以表述为，"一个物理系统总是自发、不可逆地朝着熵增加的无序方向进行，最终的平衡状态对应于熵的最大可能值。"

这是著名的熵增定律，也被称为热力学第二定律（第一定律是能量守恒定律）。

熵增定律也被称为无序增加定律，熵增定律可以很好地解释前面的例子，当分子的位置和速度完全随机分布时，系统的熵最大，而任何试图引入秩序的尝试都将导致熵的减少。熵增定律还有一种更加实用的表述，那就是机械运动的能量可以完全转变成热能，但热能永远不可能完全转变成机械能。这一点并不难理解，前一过程有实际的例子，比如摩擦生热，反过来，后一过程则相当于迫使所有分子朝同一方向运动，就像让水杯中上半部分的水自发射向天花板一样。

因此，熵增定律实际上否认了所谓的"第二类永动机"[①]——

[①] 之所以叫"第二类永动机"是因为在此之前还有"第一类永动机"。"第一类永动机"的设想是不消耗任何能量，却可以源源不断的对外做功，违反的是热力学第一定律；而这里的"第二类永动机"违反的是熵增定律，也就是热力学第二定律。

"第二类永动机"设想从常温下的物体中提取热量，并利用获得的能量做机械功。历史上曾有许多类似的设想，但无一例外地失败了。例如，如果要建造一艘蒸汽船，就要有锅炉，锅炉靠烧煤产生蒸汽。曾经就有人想，是否可以把锅炉换成"第二类永动机"，这种永动机可以将海水泵入发动机室，然后从水中吸收热量制造蒸汽，再把失去热量的海水结成的冰块扔回海里。但熵增定律告诉我们，这样的事情完全是异想天开。

那么，普通的蒸汽机如何在不违反熵增定律的情况下，将热量转化为机械能呢？事实上，蒸汽机中只有一部分由燃料燃烧产生的热量被转化为机械能，更多的能量则被废气带走，或者回到大气中，或者还需要特别安排蒸汽冷却器。这种情况下，系统中的熵实际上存在两个相反的变化：① 熵的减少对应于一部分热量转化为活塞的机械能；② 熵的增加来自另一部分热量的逸散。熵增定律只要求系统的熵总量增加，也就是说，只要过程 ② 的熵增大于过程 ① 的熵减，蒸汽机的运动就不违反熵增定律。

为了方便大家理解，我们再举一个例子：假设有一个放在离地面 6 英尺高的架子上 5 磅重的物体，如果没有任何外力作用，这个物体不可能自发地升到天花板上，但是反过来说，如果这个物体掉到了地上，释放了重力势能，同时碎成了几个部分，整个系统释放出的能量倒是可能把其中的一小块崩到房梁上。

类似的，只要能接受其余部分的熵有补偿性的增加，我们的确可能减少系统的某一部分的熵，从而使这一部分的分子运动从无序变得有序。实际上，在热机等实际操作中，我们应用的也恰恰正是这个原理。

5. 统计涨落

通过上一节的讨论，我们其实还需要明白，熵增定律离不开一个基本的事实，那就是：在正常尺度的物理学中，分子数量非常之大，所以任何基于概率的预测几乎都是绝对正确的。换句话说，如果研究的物质非常少时，就必须考虑概率统计的不确定性。

举例来说，如果不考虑一个大房间里的空气，而是考虑一团体积小得多的气体，比如说一个长宽高各百分之一微米的立方体，情况就会完全不同。事实上，立方体的体积是 10^{-18} 立方厘米，包含 $\dfrac{10^{-18} \times 10^{-3}}{3 \times 10^{-23}}$ =30 个分子，所有这些分子聚集在原体积的一半的概率是 $\left(\dfrac{1}{2}\right)^{30}$ =10^{-10}。

从另一方面来讲，由于立方体的尺寸小得多，分子将以每秒 5×10^{10} 次的速度不断重新洗牌（速度为每秒 0.5 千米，而距离仅为 10^{-6} 厘米），也就是说立方体的一半平均每秒就会有一次是空的。不言而喻，只有一小部分分子集中在小立方体一端的情况发生得更频繁。因此，如果 20 个分子在一端，10 个分子在另一端（即只有 10 个额外的分子聚集在一端）的概率是：

$$\left(\dfrac{1}{2}\right)^{10} \times 5 \times 10^{10} = 10^{-3} \times 5 \times 10^{10} = 5 \times 10^{7}$$，大约每秒 5 千万次。

因此，空气中分子在小范围内的分布是极不均匀的，如果有合适的显微镜，你就会看到，气体中其实有很多分子的集聚点，只不过这些聚集在一起的分子很快就会散开，取而代之的是一些新的集聚点。这种效应被称为密度涨落，在许多物理现象中起着重要的作用。例如，当太阳光线穿过大气层时，这种气体分子的不均匀分布会导致蓝光发生散射，所以天空看起来是蓝色的，太阳看起来也更红。日落时分，太阳光必须穿过更厚的大气层，后一种效果更为明显，才有了所谓的"一片夕阳红"。如果没有这些密度涨落，天空看起来将总是一片漆黑，白天也可以看到星星。

普通液体中，密度和压力也存在涨落现象，只不过不是那么明显而已。所以，布朗运动其实可以用另一种方式来描述：因为压力涨落的存在，快速变化的压力相互作用，悬浮在水中的微小颗粒因此被推来挤去。不仅如此，人们还发现，当液体被加热到接近其沸点时，密度涨落更为明显，液体中也因此呈现出轻微的乳浊状。

那么问题来了？熵增定律是否适用于统计涨落非常明显的小物体？比如，一个终其一生都在被分子撞来撞去的细菌，肯定不会说"热量不能转化为机械运动"！是不是熵增定律失效了呢？实际上，准确的说法是这种情况下熵增定律失去了意义。

熵增定律描述的是大量独立分子的宏观运动，而对于比分子本身大不了多少的细菌来说，热运动和机械运动近乎完全相同。假设我们在亢奋异常的人流里，自己就好比细菌，周围的人就像是那些分子，熙熙攘攘把我们撞来撞去，如果能把自己绑在一个飞轮上，"第二类永动机"倒是不难实现，不过那时的我们应该也就没有聪明的大脑了，所以，大家大可不必因为没有转生为一个细菌而感到遗憾！

就生命体本身而言，的确是熵减的。植物吸收空气中的二氧化碳分子和大地中的水分子，通过光合作用将它们变成复杂的有机分子，植物本身就是由大量的有机分子组合而成。二氧化碳和水的分子都是简单分子，从简单分子到复杂分子的转变确实意味着熵的减少；对于植物体而言，熵增发生在植物消亡之后，木材会被燃烧或渐渐腐烂，这个过程中复杂的有机分子再次分解为二氧化碳和水蒸气。那么植物真的违背了熵增定律吗？还是真的像古代哲学家说的，植物的生长是源于某种神秘的生命力（vis vitalis）？

其实仔细分析一下就知道，两者并不矛盾，植物的生长不仅需要二氧化碳、水和某些无机盐，同样还需要充足的阳光。在植物生长的过程中，阳光带来的能量被储存到植物中；而植物燃烧时，这些能量又被释放出来。对于植物来说，最根本的"负熵"（熵减）正来自阳光，阳光被绿叶所吸收的过程中，"负熵"随之消失。因此，发生在植物叶子中的光合作用本质上是两个彼此相关的过程：（a）将太阳光的光能转化为复杂有机分子的化学能；（b）来自阳光的负熵降低了植物的熵，后者才能将简单分子组合成复杂分子。就所谓的"有序与无序"而言，当太阳辐射被绿叶所吸收时，蕴含在阳光中的内在秩序也被同时夺走并转交给了分子，允许分子建立更复杂、更有序的结构。植物在此过程中构建了植物本身，同时也从太阳辐射中获得代表秩序的"负熵"，而这种"负熵"又通过食物链传导到动物，因此也可以说动物是"负熵"的间接使用者。

第九章
生命之谜

1. 我们是由细胞组成的

在讨论物质结构时，我们有意忽略了一组相对较小但极其重要的物体，这些物体因其特殊的生命属性而不同于宇宙中的其他物体。生命体和非生命体之间的重要区别是什么？基本物理法则成功地解释了非生命物质的性质，但它能解释生命现象吗？

当谈到生命现象时，我们通常想到的是一些比较大且较为复杂的生命体，如一棵树、一匹马或一个人。但是，试图将这种复杂的有机系统作为一个整体来研究生命物质的基本特性，显然是徒劳的。就像试图将汽车一样复杂的机器作为一个整体来研究无机物的结构一样。

这种试图囫囵吞枣的困难是显而易见的。行驶中的汽车由数以千计、形状各异的部件组成，部件又由不同材料制成，所处的物理状态也各不相同：钢制底盘、铜线和挡风玻璃等是固体，散热器中的水、油箱中的汽油包括输入气缸中的油都是液体，从化油器输入气缸的混合物又是气体。所以，要想分析汽车，必须先在物理上将其拆解为独立的各个部件，比如钢、铜、铬等各种金属物质，再比如玻璃和塑料等各种非晶体材料，还有水和汽油等各种均匀的液体。

　　继续我们的物体探索，你会发现铜部件由独立的微小晶体组成，而这些小晶体又由单个铜原子规则而稳定地叠加在一起；散热器中的水由大量相对松散的水分子组成，每个水分子中又包含一个氧原子和两个氢原子；化油器的混合物通过阀门流入气缸，那是一群自由移动的氧气和氮气分子与汽油蒸汽分子一起组成的混合物，汽油蒸汽分子又包含了大量的碳原子和氢原子。

　　同样地，在分析人体等复杂的生命体时，我们首先也要把它分解成独立的器官，如大脑、心脏和胃，然后再分成各种均匀的生物材料，这些材料被称为"组织"。

　　从某种意义上来说，各种类型的组织就是复杂生命体的材料，就像各种物理上的均匀物质之于机械装置。依此来看，解剖学和生理学根据不同"组织"特性分析生命体的功能，这一点类似于工程科学，后者将各种机器的功能建立在已知的机械、电磁和其他物理特性之上。

　　同样的，仅看组织如何组成生命体并不足以解答生命之谜，还要看组织如何由独立的原子组成，这些原子又如何构成了每一个活生生的生命。

　　如果你认为一个活的生物"组织"可以与普通物理意义的均

匀物质相比较，那将是一个很大的错误。事实上，对任意选择的
"组织"（无论是皮肤、肌肉还是大脑）的初步显微镜分析表明，
每个"组织"都由非常多的独立单位组成，这些独立单位的性
质或多或少地决定了整个"组织"的特性（见图90）。这些生命
体的基本结构单元通常被称为"细胞"，单个的细胞是保持特定
"组织"特性的最小单位，你也可以叫它"生物原子"（即生物的
"不可分割之物"）。

例如，如果一个肌肉组织被切割成只有一个细胞的一半大
小，就会失去肌肉收缩等所有特性，这就好比如果无限切割一根
镁线，当只剩一半镁原子时，它就不再是镁，而是变成一块煤。[①]

构成"组织"的细胞也非常小（平均直径为百分之一毫米[②]）。

构成植物组织　　一个来自肌肉组织　　一个来自脑组织
　的细胞　　　　　的细胞　　　　　　的细胞

图90　各种类型的细胞

---

① 镁原子（原子序数12，原子量24）由12个质子和12个中子组成的原子核
组成，周围有12个电子的电子层。通过将一个镁原子一分为二，得到两个新的
原子，每个原子包含6个质子、6个中子和6个外层电子——换句话说，这就是
两个碳原子。
② 有的单个细胞具有巨大的尺寸，比如我们熟悉的蛋黄，蛋黄就是一个细胞。
然而，即使在蛋黄中，其"生命"部分也仍然很小很小，大量的黄色物质只是小
鸡胚胎的养料而已。

任何我们熟悉的植物或动物都由大量的独立细胞组成。例如，一个成年人的身体包含几百万亿个细胞。

较小的生命体当然由较少的细胞组成，例如，一只家蝇或一只蚂蚁所含的细胞不超过几亿个。还有一大类单细胞生物，如阿米巴虫、导致皮癣感染的真菌和各种类型的细菌，它们仅由一个细胞组成，只有通过高倍数显微镜才能看到这些生物。这些细胞不受复杂有机体"社会功能"的群体干扰，对它们的研究是生物学中最令人兴奋的篇章之一。

为了理解生命的一般特性，我们必须从活细胞的结构和性质中寻找答案。

活细胞有什么特性，它们与普通的无机材料有什么不同，与写字台上的木头或鞋子里的皮革的死细胞又有什么不同？

活细胞的不同特性包括：① 能从周围介质中摄取自己需要的养料；② 能将这些养料转化为生长发育所需的物质；③ 活细胞的几何尺寸增长到一定程度以后会分成两个相似的细胞，其中每个细胞都跟自己原来的尺寸差不多，而且也可以生长发育。当然，细胞有"进食""生长"和"繁殖"的能力，细胞组成的复杂生命体也一样拥有这些能力。

有批判精神的读者可能会反驳，普通无机物也可能拥有这三种能力。例如，如果把一小块盐晶体扔进过饱和的盐水溶液中，①

---

① 过饱和溶液的制备方法是，先将大量食盐溶解于热水中，然后将溶液冷却至室温。食盐在水中的溶解度随着温度的降低而降低，由此可以得到的溶液溶质浓度已超过该温度、压力下的溶解度，但溶质并不会析出，而是处于不稳定状态。在溶液中放入一块小晶体，晶体起到"晶种"的作用，溶液里的过量食盐就会马上结晶析出。

晶体也会成长，这些盐分子就是从水中提取（或者说是"剥离"）的。我们甚至可以想象，由于某些机械作用的影响，譬如说晶体越长越大，最终它将无法承受自己的重量裂成了两半，由此形成的"子晶体"又会继续生长。为什么我们不能把这个过程也归为"生命现象"？

在回答这个问题时，首先必须说明，生命仅仅是普通物理和化学现象的一个更复杂案例，我们本就不应该期望在这两种情况之间有一个明确的界限。这一点有点像使用统计法来描述由大量独立分子形成气体的行为（见第八章），也无法确定这种描述的确切有效性约束条件。充满房间的大气不会突然聚集在房间的一个角落，或者说至少这种不寻常的事件发生的概率小得可以忽略不计。但是，我们也知道，如果整个房间里只有两、三个，或四、五个分子，那么所有分子就会经常聚于一角。

一种说法适用数量的确切界限在哪里？一千个分子？一百万个？还是十亿个？

同样地，研究生命基本过程的时候，我们也无法就所谓的生长给出百分之百的明确界限。

当然，对于这个特殊的例子，我们可以说，晶体在溶液中的生长不应该被视为生命现象，因为晶体用于其生长所需的"食物"被同化到其体内，并没有改变它本身在溶液中的存在形式。之前与水分子混合的盐分子只是在生长中的晶体表面聚集。在这里，我们有的只是一个普通材料的机械增殖，而不是典型的生化同化过程。此外，由于纯粹的机械外力作用，晶体的繁殖，偶尔的确会分裂，但其结果只能是没有预定比例的不规则部分，与因内力而产生的活细胞精确而一致的生物分裂毫无相似之处。

化学上倒是的确存在生物学过程的类似现象，例如，如果在含有二氧化碳气体的水溶液中加入一个单一的酒精分子（C_2H_5OH），它就可以启动一个自我增殖的合成反应，水分子（H_2O）与溶解在水中的二氧化碳分子（CO_2）逐一结合，形成新的酒精分子。[①] 事实上，如果在一杯普通的苏打水中滴入一滴威士忌，很快这杯苏打水就会变成纯正的威士忌，这时我们就不得不将酒精看作有生命的物质（见图91）!

这还不是最神奇的，我们稍后将看到，实际上的确存在一种

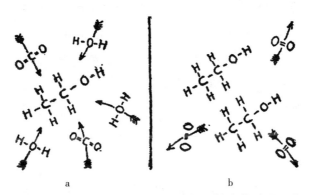

图91　酒精分子将水和二氧化碳分子"组织"成另一个酒精分子的示意图。如果这种酒精的"自体合成"过程是可能的，我们就应该把酒精视为活物

---

① 可能的反应如下：
$$3H_2O + 2CO_2 + [\,C_2H_5OH\,] \rightarrow 2\,[\,C_2H_5OH\,] + 3O_2$$
其中，一个酒精分子的存在会导致另一个酒精分子的形成。

被称为病毒的复杂化学物质，它们相当复杂，通常由数十万个原子组成，病毒能把周围"组织"中的分子变成与自己相似的结构单元。这些病毒颗粒既是普通的化学分子，同时也是生命体，它们代表了生物和非生物物质中间的那个"缺失的一环"。

现在，我们回到普通细胞的生长和繁殖问题上，尽管它们非常复杂，其中仍然有很多分子，但它们必须被视为最简单的生命体。

如果我们通过高倍显微镜观察一个典型的细胞，就会发现它是由半透明的胶状物质构成的，具有非常复杂的化学结构，人们通常称其为"细胞质"。细胞质被细胞膜所包围，动物细胞的细胞膜薄而有弹性，而不同的植物细胞则会含有厚而重的细胞壁，所以植物的身体总是比动物要坚硬一些（见图90）。每个细胞的内部都有一个被称为细胞核的小球体，细胞核中是网状的"染色质"（见图92）。需要注意的是，形成细胞体的细胞质的各个部分在正常情况下具有相同的光学透明度，因此，仅仅通过显微镜观察活细胞是无法观察到这种结构的。为了看到它们的结构，必须对细胞材料进行染色，细胞质不同结构部分吸收染色材料的能力不同，形成细胞核的网状材料更容易着色，并在颜色较浅的背景下显得清晰可见，[①]"染色质"（chromatin）也因此得名，这一名称在希腊语中的意思正是"能够着色的物质"。

在关键的细胞分裂过程中，细胞核的网状结构更加容易分

---

① 类似的，用蜡烛在一张纸上写东西，用黑色铅笔在纸上涂上阴影之前，这些字是看不见的。但是由于石墨不会粘在被蜡覆盖的地方，所以字迹会在阴影的背景上清晰地显现出来。

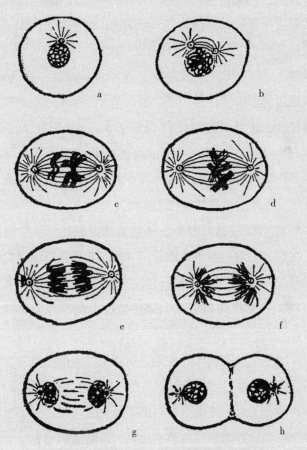

图 92　细胞分裂（有丝分裂）的各个阶段

化，形成纤维状或棒状的一组组独立颗粒，如图 92b、c 所示，它们被称为"染色体"（即"带有颜色的物体"，见照片 V）。[1]

一个特定生物物种体内的所有细胞（除了所谓的生殖细胞）都含有数量完全相同的染色体，一般来说，高度发达的生命体染色体数量比欠发达生命体的染色体数量要多。

小果蝇有一个引以为豪的拉丁名：Drosophila melanogaster。生物学家通过它了解了许多关于生命的奥秘，小果蝇每个细胞里有 8 条染色体，豌豆细胞拥有 14 条染色体，玉米则有 20 条。生物学家和其他所有人一样，每个细胞里有 46 条染色体，从纯算术角度讲，我们或许可以认为人比苍蝇好 6 倍，但这并不意味着拥有 200 条染色体的小龙虾就比人类优秀 4 倍以上。

各种生物物种细胞中的染色体数量总是偶数，除了极少数的例外，在每个生物细胞中我们总会有两套几乎完全相同的染色体（见照片 Va）：一套来自母亲，另一套来自父亲。这两套来自父母双方的染色体携带着复杂的遗传特性，在所有生物中代代相传。

细胞分裂正是从染色体开始的，每条染色体整齐地分裂成两根相同但稍细的纤维，而彼时细胞还是一个整体（见图 92d）。

原本纠缠在一起的核染色体在准备分裂的时候，两个被称为中心体的小点会靠近细胞核的外部边界，逐渐远离对方，分别向

---

[1] 必须记住，染色过程会杀死活细胞，因此，细胞分裂的各个图片（见图 92）不是通过观察单个细胞获得的，而是通过对不同细胞不同发育阶段进行染色而获得的，但就探究原理而言，两者并无分别。

细胞两端移动（见图 92a、b、c）。似乎还有一些细线将这些分开的中心体与细胞核内的染色体相连。当染色体一分为二时，每一半都附着在对面的中心体上，并被线拉开（见图 92e、f），当这一过程接近尾声时（见图 92g），细胞膜开始沿着中线凹陷（见图 92h），逐渐形成一层薄膜，最终细胞的左右两半彻底分开，形成两个全新的独立细胞。

如果两个子细胞从外部获得足够的食物，那么它们将长到母细胞一样的大小（整个体积变成原来的 2 倍），并在一定的休整期后进一步分裂。

我们可以观察细胞分裂的各个步骤，却无法做出进一步的科学解释，因为根据目前的观察结果，我们完全不知道驱动这一过程的生化力量到底拥有什么样的特性。整个的细胞似乎还是太复杂，难以进行直接的物理分析，要解开细胞分裂的谜题，必须了解染色体的性质。这个问题相比之下要简单一些，也是我们将在下一节讨论的内容。

不过，首先要考虑的是，在由大量细胞组成的复杂生命体中，细胞分裂是如何负责繁殖过程的。这里，我们可能会问一句——是先有蛋还是先有鸡？事实是，我们从一个将要发育成鸡（或其他动物）的蛋开始，还是从将要下蛋的鸡开始，结果并不重要，这是个周期性的过程。

假设从一只刚从蛋里孵出的"鸡"开始，在它孵化（或出生）的那一刻，体内的细胞就正在经历一连串的分裂过程，从而实现了生命体的快速生长和发育。记住，一个成熟动物的身体包含数万亿个细胞，所有这些细胞都是由一个受精卵细胞的连续分裂形成的，因此，有人可能很自然地认为，为了产生这个结果，一定需要非常多的连续分裂过程。想想第一章中西萨·本向国王讨赏的故事和世界末日问题，你就会明白几何级数的力量，分裂过程并不需要太多代。用 x 来表示一个成年人成长所需的细胞分裂次数，然后在每次分裂中，身体的细胞数量增加一倍，我们可以通过公式计算出从单个卵细胞形成到成人时细胞的总分裂次数：$2^x=10^{14}$，$x=47$。

也就是说，成年人身体中的每个细胞都是最初那个受精卵细胞的大约第五十代子孙。[①]

尽管在未成年的动物中，细胞的分裂相当迅速，但成年人体内的大多数细胞通常处于"休眠状态"，只是偶尔进行分裂，以此"保养"身体、修补磨损。

现在再看一种非常重要的细胞分裂，它产生了所谓的"配子"或"结合细胞"，这些细胞正是动物生息繁衍的关键。

在任何两性生命体的最早阶段，它都会将自己的一些细胞分别"储备"，用于未来的生殖活动。这些细胞位于特殊的生殖器官中，在生命体生长过程中经历的普通分裂要比身体中的其他细胞少得多，当它们被要求产生新的后代时，这批储备的细胞依然新鲜、活力十足。这些生殖细胞的分裂也与普通体细胞不同，分

① 将这一计算及其结果与原子弹爆炸的计算比较是很有意思的（见第七章）。导致 1 千克材料中的每个铀原子裂变所需的连续原子分裂过程的数量（共 2.5×10^{24} 原子）是：$2^x=2.5 \times 10^{24}$，得出 $x=61$。

裂过程要简单得多，形成其细胞核的染色体并不像普通细胞那样一分为二，而是直接分配到两个细胞（见图93a、b、c），因此每个子细胞只得到原始染色体组的一半。

导致这些"染色体缺失"细胞分裂过程被称为"减数分裂"，与被称为"有丝分裂"的普通分裂过程不同，这样产生的细胞被称为"精子细胞"和"卵细胞"，也被称为雄性配子和雌性配子。

细心的读者可能会问，原始生殖细胞被分成两个相等的部分后，如何能产生具有男性或女性特性的配子呢？事实上，那两套几乎完全相同的染色体中，有一对特殊的染色体，两条染色体在女性体内是相同的，但在男性体内则不同。这些特殊的染色体被

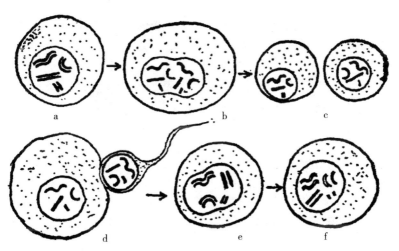

图93　配子的形成（a、b、c）和卵细胞的受精（d、e、f）。在第一个过程（减数分裂）中，生殖细胞的成对染色体未经初步分裂就分离成两个"半细胞"。在第二个过程（配子结合）中，雄性精子细胞穿透雌性卵细胞，彼此染色体正好配成一对

称为性染色体，用符号 X 和 Y 来区分。雌性体内的细胞总是拥有两条 X 染色体，而雄性则拥有一条 X 染色体和一条 Y 染色体。[①]这就是性别差异的本源（见图 94）。

由于在雌性生命体中保留的所有生殖细胞都有一套完整的 X 染色体，当一个细胞在减数分裂过程中一分为二时，每个半细胞或配子都得到一个 X 染色体。但由于雄性生殖细胞每个都有一个 X 染色体和一个 Y 染色体，当其中一个细胞分裂时，结果是两个不同的配子，其中一个含有 X 染色体，另一个含有 Y 染色体。

在受精过程中，当雄性配子（精子细胞）与雌性配子（卵细胞）结合时，结合细胞带有两个 X 染色体或一个 X 染色体和一个

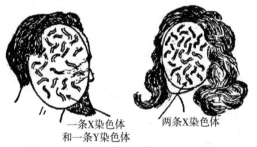

一条X染色体
和一条Y染色体

两条X染色体

图 94　男人和女人之间的"颜值"差异，女性身体的所有细胞都含有 46 条成对的染色体，每对染色体都是相同的，而男性身体的细胞则含有一对不对称的染色体。男人不像女人那样有两个 X 染色体，而是有一个 X 染色体和一个 Y 染色体

---

① 这段话对人类和所有哺乳动物来说都是适用的。然而，在鸟类中，情况则是相反的，例如一只公鸡有两条相同的性染色体，而一只母鸡却有两条不同的性染色体。

Y 染色体的细胞的概率各二分之一；在第一种情况下，孩子是女孩，第二种情况下则是男孩。

当雄性精子细胞与雌性卵细胞结合时，这个过程被称为"受精"，最终会形成一个完整的细胞，然后通过"有丝分裂"代代复制。每个子细胞都收到来自原始受精卵所有染色体的精确复制品，其中一半来自母亲，一半来自父亲，受精卵也由此逐渐发育成成熟个体，如图 95 所示，而所有这一切都要从图 95a 的"受精"过程开始。

两个配子的结合开始了新的细胞活动周期，它首先分成 2个，然后分成 4 个，再分成 8 个，随后分成 16 个（见图 95b、c、d、e）。当单个细胞的数量变得相当大时，它们就倾向于排成囊

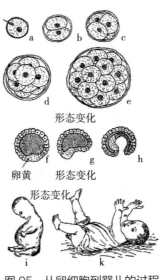

图 95　从卵细胞到婴儿的过程

状，即所有的细胞都在表面，在那里它们处于更好的位置，更容易吸收营养。在这个发育阶段，生命体看起来像一个带有内部空腔的小气泡，我们称为"囊胚"。再后来，囊胚腔壁开始弯曲向内凹陷（见图 95g），生命体进入被称为"原肠胚"（见图 95h）的阶段。在此期间，它看起来像一个小袋子，其开口既用于吸收新鲜食物，又用于排出消化后的废物。珊瑚虫等简单的动物发育阶段也到此为止，然而，更高级的物种还将进一步成长分化，一部分细胞发育成骨骼，另一些细胞则发育成消化、呼吸和神经等的系统，历经各种胚胎阶段后（见图 95i），生命体最终具备本物种的所有特征，成为一个合格的幼体。（见图 95k）

　　如上所述，生殖细胞甚至在发育的早期阶段就被搁置起来，可以说正是为将来的生殖功能而保留。当生命体成熟，这些细胞会经历减数分裂过程并产生配子，从而使整个过程循环重复，生命就这样生息繁衍、代代相传。

2. 遗传和基因

　　繁殖过程最重要的特征是，一对来自双亲的配子结合而产生新的生命体，新生命体就像父母的复制品，这样代代相传的复制尽管不是百分之百的精确，但也绝不会成长为其他种类的生命体。

　　事实上，一对爱尔兰牧羊犬所生的小狗一定是狗，它不会像大象一样大，也不会像兔子一样小，它会有四条腿，一条长尾巴，两只耳朵和两只眼睛，头部两侧各一只。我们还可以确定，它的耳朵将是柔软的，耷拉在脑袋两侧，它的皮毛将是长长的、金褐色的，而且它很可能喜欢捕猎。此外，还有一些可以追溯到其父亲、母亲甚至可能是其早期祖先的各种细微之处，当然它自己也会有一些独有的特征。

所有这些不同的特征，构成了一只优秀的爱尔兰猎犬，那么这些特征是如何通过配子内的微观物质片段传递给小狗的？

每个新的生命体都从其父亲那里得到一半的染色体，从母亲那里得到另一半。很明显，一个特定物种的主要特征必须同时包含在父系和母系的染色体中，而不同的次要特征可能因个体而异，可能只单独来自父母中的某一方。尽管经历了很长一段时间，传承了无数代，甚至各种动物和植物的最基本特性都可能发生了变化（生命演化就是这方面的证据），但在人类有限的认知中，我们只注意到了一些微小的次要特性变化。

这些特征及其从父母到子女的传递是遗传学的新课题，目前仍处于起步阶段，但足以告诉我们许多生命最隐秘的精彩故事。例如，我们已经了解到，与大多数生物现象相比，遗传规律最接近简单的数学法则，这表明它正是生命的基本现象之一。

以色盲这种视力缺陷为例，最常见的是红绿色盲。为了了解色盲的来源，必须首先了解我们为什么能看到颜色，比如研究视网膜的复杂结构和特性，再比如不同波长的光引起的光化学反应……

但事实上就"色盲"的遗传而言，这个问题本身似乎比解释这种现象还要复杂，答案却出乎意料地简单和容易。从观察到的事实我们可以知道：① 男性比女性更容易出现色盲；② 色盲男性和"正常"女性的子女不一定是色盲；③ 但在色盲女性和"正常"男性的子女中，儿子是色盲的，而女儿则不是。这些事实清楚地表明，色盲的遗传与性别有着某种联系，我们只需假设色盲的特征是由其中一条染色体的缺陷造成的，并随着这条染色体代代相传，结合简单的逻辑推理，即可进一步假设色盲由 X 性染色体缺陷造成的。

有了这个假设，就不难根据经验推断色盲遗传规律，女性细胞拥有两个 X 染色体，而男性细胞只拥有一个 X 染色体（另一个是 Y 染色体）。如果男性的单条 X 染色体有缺陷，他就一定会出现色盲。而在女性中，两个 X 染色体都必须受到影响才会出现色盲，因为只有一个正常染色体也足以保证对颜色的感知能力。如果一个 X 染色体有这种颜色缺陷的概率是千分之一，那么一千个男人中就会有一个色盲患者。根据概率乘法定理（见第八章），一个女人的两个 X 染色体都有颜色缺陷概率则是：$\frac{1}{1000} \times \frac{1}{1000} = \frac{1}{1000000}$。

现在，假设丈夫色盲、妻子"正常"（见图 96a），他们的儿子不会从父亲那里得到 X 染色体，却可能从母亲那里得到一个"好的"X 染色体，因此他可能不会成为色盲。

另一方面，他们的女儿可能会有一个来自母亲的"好"X 染色体和一个来自父亲的"坏"X 染色体。这种情况下她不会是色盲，尽管她的孩子（儿子）可能是色盲。

再来看看色盲妻子和"正常"丈夫的组合（见图 96b），儿子肯定是色盲的，因为他的 X 染色体来自母亲；而女儿有一个来自父亲的"好"X 染色体和一个来自母亲的"坏"X 染色体，她也不会是色盲，但她的儿子可能是色盲。

像色盲这样的遗传特性，需要两条染色体都受到影响才能显现出来，被称为"隐性遗传"。隐性遗传可以隐蔽地从祖父母那里传给子孙，所以偶然会有一些这样的悲惨事实——两只好看的德国牧羊犬所生的小狗可能看起来不像是德国牧羊犬。

而所谓的"显性遗传"则正好相反，只要有一条染色体受到影响，这种特征就会显现。这里先不考虑实际的遗传学，假设"米老鼠的耳朵"是兔子的显性特征，也就是说，这样的耳朵将以图 97 所示的方式遗传给这只兔子的后代（假设这位兔子始祖

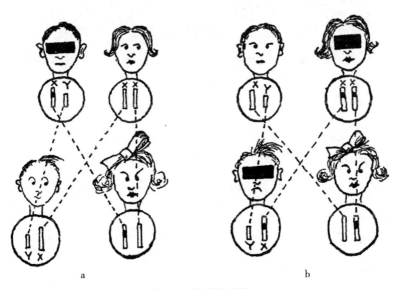

图 96　色盲的遗传

和它所有后代都跟正常耳朵的兔子交配）。我们在示意图中用黑
点表示"米老鼠耳朵"的染色体缺陷。

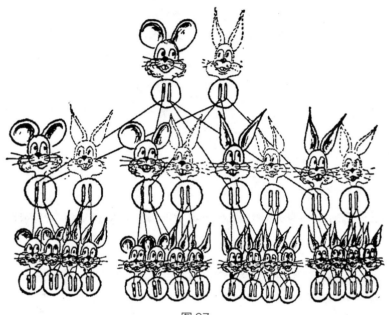

图 97

　　除了显性和隐性外，还有一些可称为"中性"的遗传特性。
假设花园里有红色（图中为黑色）和白色的胭脂花，当红色开花
植物的花粉（植物的精子细胞）被风或昆虫带到另一种红色植物
的雌蕊上时，它们与位于雌蕊基部的胚珠（植物的卵细胞）相结
合，发育成种子，依然是红花。如果来自白花的花粉使其他白花
受精，下一代的花将全部是白色。然而，如果白花的花粉落在
红花上，或者反过来，这样产生的种子长出的植物将开出粉红
色（图中为灰色）的花朵。不过很显然，粉红色的花并不代表一

个生物上稳定的品种，如果我们在粉红花族内进行繁殖，我们会发现下一代会有 50% 的概率是粉红色，25% 的概率是红色，25% 的概率是白色。

这一现象并不难解释，假设花开红色还是白色这一性状由植物细胞中的一条染色体所决定，而且，只有一对染色体中的两条染色体都是"红色"或者都是"白色"，花儿才会显示为纯正的颜色。如果一条染色体是"红色"，而另一条是"白色"，植物开出的就是粉红色花朵。如图 98 所示，"彩色染色体"在后代中按概率分布。如果"父母"分别为白色和粉红色的胭脂花，那么通过繁殖，第一代中粉红色花和白花的概率各为 50%，绝不可能有

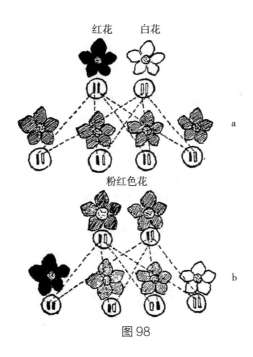

图98

红色的花。同样，如果"父母"分别为红色和粉红色的胭脂花，那么通过繁殖，第一代中粉红色花和红花的概率各为50%，绝不可能有白色的花。这一规律由虔诚的摩拉维亚修士格雷戈尔·孟德尔（Gregor Mendel）所发现，近一个世纪前，他曾经在布吕恩附近的修道院里种植豌豆，也正是通过豌豆实验，孟德尔发现了遗传规律。

到目前为止，我们一直将年轻生命体的各种性状与它从父母那里继承到的染色体相联系。但是我们都知道，生物体性状数不胜数，而染色体数量则相对较少，比如果蝇只有8条染色体、人有46条，因此不难想象，每条染色体掌管的肯定不是某一性状，而是一长串的许多性状，这些性状沿着细长的纤维状染色体分布。照片VA代表是黑腹果蝇唾液腺的染色体，我们自然而然地会想，长长的染色体上那些数不清的黑色条带是否就代表了它所携带的不同性状。比如可能有一些决定了果蝇的颜色、有一些决定了翅膀的形状、有一些决定它有六条腿、有一些决定每条腿有四分之一英寸长，甚至有些还能觉得它整体上看起来是果蝇而不是一只蜈蚣或一只鸡。

事实上，遗传学告诉我们，我们的感觉是正确的。我们不仅可以证明这些被称为"基因"的染色体微小结构单元本身就带有各种不同的遗传特性，而且在许多情况下，还可以知道哪个特定的基因带有这种或那种特定的特性。

当然，即使是在最大倍数显微镜下，所有的基因看起来几乎都是一样的，它们的功能差异隐藏在分子结构内部。

因此，只有通过仔细研究不同的遗传特性在特定种类的植物或动物中代代相传的方式，才能找到它们各自"生命的意义"。

任何新的生命体的染色体一半来自父亲，另一半来自母亲，而父亲和母亲的染色体又一半一半地来自父母的父母，因此理论上讲，孩子只能从一方祖辈某一人中各得到一条染色体。但众所周知，这并不一定是真的，在有些情况下，所有四个祖父母都会将其特征遗传给孙辈。

这是否意味着上述染色体传递的过程是错误的？不，它没有错，只是有些简化。我们还要考虑的因素是，在为减数分裂过程做准备时，保留的生殖细胞分解为两个配子，成对的染色体常常相互缠绕，并能交换其部分。这种交换过程如图 99a、b 所示，父母基因序列的混合正是造成混合遗传性状的原因。还有一些情况下（见图 99c），一条染色体可以缠绕成一个环，然后再以不同的方式散开，这也会导致来自父母双方的基因序列发生混合，从而产生混合的遗传性状（见图 99c，照片 VB）。

很明显，在一对染色体的两条染色体之间，或在一条染色体内部，基因的这种重新组合，将更有可能影响那些原本相距甚远的基因的相对位置，对相邻的基因则影响不大。这个过程就好比"切牌"，它的确大大改变了切牌处上下的相对位置，但只会改变一对相邻的牌。

因此，如果有两个遗传性状总是在一起，那么影响该形状的基因大概率处于染色体上的相邻位置；相反，如果两个遗传性状貌似没有什么必然的关系，那么他们基因则不太可能紧挨在一

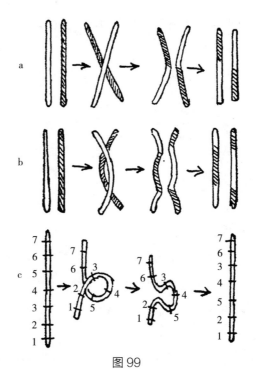

图 99

起，大概率相隔较远。

按照这个逻辑，美国遗传学家 T.H. 摩尔根（T.H.Morgan）和他的学生们率先完成了果蝇染色体的基因测序。图 100 就是摩尔根等人的测序结果，其中清楚的展示了果蝇的各种性状在 4 条染色体的分布情况。

既然图 100 能显示果蝇的基因测序，科学家们当然也一样可以完成包括人类在内的更复杂动物的基因测序。

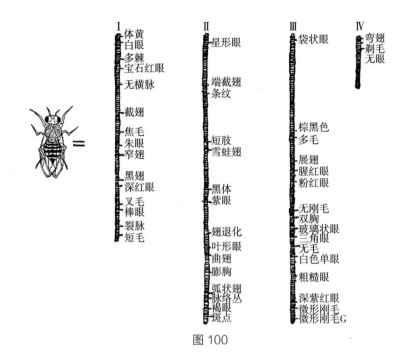

图 100

3. 基因是"活的分子"

  通过一步步分析生命体极其复杂的结构，我们现在已经看到了，"基因"似乎就是生命的基本单位。事实上，发育中的和成熟后的生命体几乎所有的特性都是由隐藏在细胞深处的一组组基因控制的，可以说，每一种动物或植物都"围绕"其基因生长。如果允许在此进行高度简化的物理类比，我们可以将基因和生命体之间的关系类比于原子核和大块无机物之间的关系。

  一个特定物质几乎所有的物理和化学性质都可以归结为原子

核的基本性质，而原子核的特性则由其携带的电荷数所决定。例如，携带 6 个基本电荷的原子核将被 6 个电子层所包围，这将使这些原子倾向于以规则的六边形排列，进而形成我们称为金刚石的晶体，它硬度很大，折射率也很高。同样，一组带有 29、16和 8 个电荷的原子会形成黏在一起的原子团，形成被一种称为硫酸铜的柔软蓝色晶体。当然，即使是最简单的生命体也比任何晶体复杂得多，但二者有拥有一个共同的特征，那就是宏观组织形态决定于微观的核心单元。

而决定生命体所有特性的"核心"就是基因，它既能决定玫瑰的香味，也能决定大象躯干的形状，那么基因有多大呢？回答这个问题我们要知道一条正常染色体的体积，还要知道这条染色体中包含的基因数量，前者除以后者就是大概的结果。在显微镜下，一个普通平均厚度大约有千分之一毫米，体积大约是 10^{-14} 立方厘米。繁殖实验表明，这条染色体控制的遗传性状多达几千种，这个数字也可以通过数果蝇大染色体中黑带的数量直接得到——对！就是照片 V 的那些黑带，它们大概率就是一个个独立的基因。用染色体的总体积除以基因的数量，我们得出一个基因的体积不超过 10^{-17} 立方厘米，而一个普通原子的体积约为 10^{-23} 立方厘米〔约为 $(2 \times 10^{-8})^3$ 立方厘米〕，换句话说，每个基因由大约 100 万个原子构成。

我们还可以估计基因的总重量，一个成年人身体里大约有 10^{14} 个细胞，每个细胞含有 46 条染色体。因此，人体内所有染色

体的体积约为 $10^{14} \times 46 \times 10^{-14} \approx 50$ 立方厘米，生命体的密度与水的密度大致相同，所以这些基因的重量总计应该不大于 2 盎司。与成年人的体重相比，这点重量几乎可以忽略不计，不过正是这几乎可以忽略的"核心单元"在周围构建起了动植物的复杂"外壳"，这些"外壳"的重量甚至达到了基因重量的数千倍，但基因依然是那个"核心"，它时刻"从内部"统治着生物体生长发育的每一步、结构形状的每个特征，甚至还决定了生物的大部分行为。

那么基因的本质是什么？它是一种复杂的"动物"吗？从生命的角度看，它是否可以被细分为更小的生物单位？这个问题的答案是否定的，基因就是生命体的最小单位。当然，虽然基因是区分有生命物质和无生命物质的关键，但它也一样是化学分子，一样受到所有熟悉的普通化学规律的约束。

换句话说，基因似乎就是有机物和无机物之间的那个"缺失的一环"，也就是本章开头所设想的"活分子"。

事实上，基因一方面具有独特的永恒性，可以几乎毫无偏差地把各类物种的特性代代相传；另一方面构成基因的原子种类却少得可怜。因此，基因一定有着一个精心策划的结构，其中每个原子或原子团都位于预定的位置。而各种基因之间的差异，以及基因反映在生命体之间的外部差异，归根结底都是源于基因结构中原子分布的不同。

举个简单的例子，让我们来看看 TNT（三硝基甲苯）的分子，

TNT 是一种爆炸性材料，曾经在战争中发挥了重要的作用。一个 TNT 分子由 7 个碳原子、5 个氢原子、3 个氮原子和 6 个氧原子组成，按照下图所示的某一种结构排列：

这三种排列方式的区别在于 $N{<}^O_O$ 碳环的连接方式，由此产生的材料通常被命名为 αTNT、βTNT 和 γTNT，三种物质都可以在化学实验室中合成。这三种物质在本质上都具有爆炸性，但在密度、溶解度、熔点、爆炸力等方面又表现出微小的差异。使用标准的化学方法，人们可以很容易地将 $N{<}^O_O$ 基团从分子内的一组连接点移植到另一组连接点，从而将一种 TNT 变成另一种。这样的例子在化学中非常常见，有关的分子越大，可以产生的品种（异构体）数量就越多。

如果把基因看作由一百万个原子组成的巨大分子，那么在分子内不同位置安排各种原子组的可能性自然就变得非常大。

我们可以把基因看成一条由周期性循环重复的原子团组成的长链，上面附着各种其他的原子团，它们就像手链上的吊坠一样；事实上，生物化学的最新进展已经能够帮助我们画出这个遗传性吊饰手链的精确图示，它由碳、氮、磷、氧和氢这几种原子组成，被称为核糖核酸。在图 101 中，我们给出了一幅超现实的图片（省略了氮和氢原子），这部分"遗传手链"决定了新生儿眼睛的颜色，图中的这四个"吊坠"告诉我们，婴儿的眼睛是灰色的。

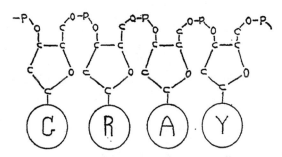

图 101 决定眼睛颜色的"遗传手链"的局部图
（高度抽象）

根据不同的吊坠在手链上位置的不同，我们可以得到几乎无穷多种的分布样式。

例如，假设一个手链有 10 个不同吊坠，我们可以用 $1 \times 2 \times 3 \times 4 \times 5 \times 6 \times 7 \times 8 \times 9 \times 10 = 3,628,800$ 种不同的方式排列它们。

如果有些吊坠是相同的，那么可能的排列方式也就会相应地减少。因此，如果只有 5 种吊坠（每种 2 个），将只有 113,400 种不同的可能性。然而，可能性会随着吊坠总数的增加而迅速增加，例如，如果我们有 5 种 25 个吊坠，可能的分布数量就会达到大约 62,330,000,000,000 种！

因此，不同的"吊坠"可以在长条形有机物分子的不同"悬浮位置"上重新分配，所能得到不同组合的数量非常之大，不仅足以说明所有已知生物形式的种类，也足以表示自然能够创造的最奇妙的、甚至不存在的动植物形式。

不同性状的吊坠分布在细丝般的基因分子上，这种分布自然可能会自发变化，进而导致整个生命体宏观性状随之改变。这种变化最常见的原因在于普通的热运动，它使得分子像强风中的树枝一样弯曲，在足够高的温度下，分子的这种振动运动变得非常强烈，足以将它们分解成独立的碎片——这一过程被称为热解离（见第八章）。但是，即使在较低的温度下，即使分子整体依然保持完整，热运动也可能导致分子内部结构发生变化。例如，当分子被弯曲时，连接在某一点上的吊坠可能被带到另一点附近，吊坠可能离开原来的位置，连接在一个新的位置上。

这种现象被称为同分异构体转化。[①] 在普通化学中，分子结构相对简单，大家对此并不陌生，而且，与所有其他化学反应一样，同分异构体转化也遵循化学动力学的基本规律，根据这一规律，温度每上升 10℃，转化的反应速率大约会增加 1 倍。

就基因分子而言，其结构是如此复杂，相信未来还需要很长一段时间，有机化学家们才能彻底了解它。不过，从某种角度来看，有些东西倒是比费力的化学分析好得多——如果这种同分异

---

① 如前所述，"同分异构"一词是指由相同的原子组成的分子，但其原子排列方式不同。

构体转化发生在雄性或雌性配子内的一个基因中，而这些配子的结合又将诞生一个新的生命体，那么，这种转化将在基因分裂和细胞分裂中忠实地重复再现，并进而影响动植物的宏观性状，而我们则可以轻而易举地观察到这样的性状变化。

事实上，基因突变无疑是遗传学研究最重要的成果之一。这一现象由荷兰生物学家德·弗里斯（de Vries）于1902年发现，用弗里斯的话说"生命体的遗传性状常常发生跳跃性的自发变化"。

举个例子，比如前面提到的果蝇繁殖实验，野生品种的果蝇有灰色的身体和长长的翅膀；如果在花园里抓到一只，你完全可以肯定它将符合这些特征。然而，在实验室中繁殖一代又一代的果蝇，你就偶尔会发现一种奇特的"怪胎型"果蝇，翅膀异常的短，身体几乎纯黑的（见图102）。

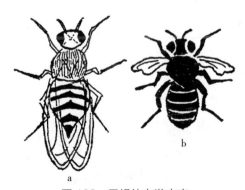

图102　果蝇的自发突变
a. 正常型：灰色身体，长翅膀
b. 突变型：黑色身体，短（退化的）翅膀

　　重要的是，在"正常"果蝇和短翅黑蝇之间并没有所谓的逐步进化。比如颜色，要么是传统灰色，要么是纯黑色，没不存在深灰、暗黑等过渡色；再比如翅膀长度，要么像祖辈一样长，要么像短翅黑蝇一样短，也不存在半长不短的中间选项。

　　实际上，通常数百个新一代果蝇都是同样的灰色、长着同样长的翅膀，只有一个或几个完全不同。换句话说，这些特征要么没有实质性的变化，要么有相当大的变化，也就是发生了所谓的"变异"。不独果蝇如此，科学家们在其他数百个案例中也观察到了类似的情况。

　　例如，色盲并不一定是遗传来的，祖祖辈辈清一水的"正常"，婴儿也可能是色盲，这种色盲就很可能源自突变。突变导致人的色盲与突变导致果蝇的短翅别无二致，"要么不变、要么彻底改变"——就区分颜色而言，一个人不可能"较好"、也不可能"较差"，只存在能与不能两种状态。

　　正如查尔斯·达尔文（Charles Darwin）所说，物竞天择、适者生存，正是这些突变的新特征导致了物种的持续进化。在几十亿年前的地球上，软体动物就足以称王称霸；而几十亿年后的今天，自然界已经进化出了如你一样异常出色的高度智慧生物，甚至阅读和理解这本深奥的《从一到无穷大》都不在话下。

　　其实从同分异构体转化理论看，遗传特性的跳跃式变化并不令人意外。事实上，如果基因分子中决定某一性状的"吊坠"改变了位置，那么这种改变就绝不可能半途而废，它要么会留在原来的位置，要么会再次转移到新的位置，从而导致生命体特性的再一次突变。

如果"突变"真的源于同分异构体转化的化学反应，那么突变速度就一定与动植物环境温度相关，事实也的确如此。季默斐耶夫（Timoféëff）和齐默（Zimmer）曾专门设计实验研究温度对突变率的影响，实验结果表明，忽略周围介质和其他因素引起的额外复杂情况，突变率完全遵循普通分子反应的基本物理化学规律。

马克斯·德尔布吕克（Max Delbrück）据此提出了一个划时代的观点，即生物突变现象完全等效于分子中同分异构体转化的纯物理化学过程。

不仅如此，随着科技的发展，科学家们还研究了 X 射线和其他辐射产生的突变，这些重要的证据显示，我们完全可以继续讨论基因理论的物理基础。不过我相信，刚才的内容似乎已经足以证明：基本的纯物理学原理足以解释生命的奥秘，目前的科学无疑就在跨越这道曾经非常"神秘"的门槛。

在本章结束之前，我们还要介绍一种新发现的生物单元，它似乎代表了没有细胞围绕的自由基因，人们称为"病毒"。直到不久前，生物学家还认为细菌是最简单的生命形态，人们知道细菌是单细胞，可以在动物和植物的活组织中生长和繁殖，有时还会引起各种疾病。例如，人们用显微镜研究了伤寒病人的血液，发现引发伤寒的病原体是一种特殊类型的细菌，菌体呈杆状，长约 3 微米、宽 1/2 微米；而引发猩红热的细菌则是直径约 2 微米的球状细胞。然而，后来科学家们又发现，有些疾病好像并不是细菌引发的，比如人类的流感或烟草植物的花叶病，在对这些病体研究的过程中，普通显微镜没有发现任何正常大小的细菌。但是，这些特殊的"无细菌"疾病与其他疾病的"传染"方式并无差别，都是从患者体内带入健康人体内的，然后健康人被"感染"，再然后病变迅速扩散到被感染者的整个身体，人们由此断定其中必然存在某种生物载体，同时把这种载体命名为"病毒"。

再后来有了基于紫外线的超微技术，最近人们更是发明了电子显微镜，电子显微镜不再使用普通的光线而是改用波长小得多的电子束，显微镜放大能力大幅加强，微生物学家们终于第一次看到了之前隐藏在迷雾中的病毒结构。

人们发现，病毒其实是各种各样独立微粒的集合，形状类似

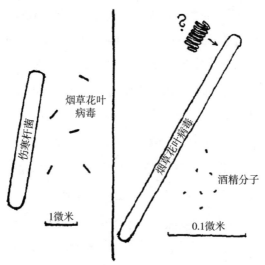

图 103　细菌、病毒和分子之间的对比

于普通的细菌，但大小则要小得多（见图103）。例如：流感病毒是直径 0.1 微米的小球体，烟草花叶病毒则是细长棍状结构，长 0.28 微米、宽 0.015 微米。

有一张令人印象非常深刻的烟草花叶病毒颗粒的电子显微照片（照片Ⅵ），这是目前已知的最小生物单元。大家应该还记得，一个原子的直径约为 0.0003 微米，不难计算出，烟草花叶病毒颗粒的直径约等于 50 个原子大小，轴线长度则约等于 1000 个原子大小，整个病毒中应该不超过 200 万个原子！

我们又看到了这个数字，单一基因中的原子数同样是数百万个，所以人们自然而然地提出了一种假设，病毒颗粒可能也应该被视作"自由基因"，它们也是生命体，不同的是，病毒不屑于

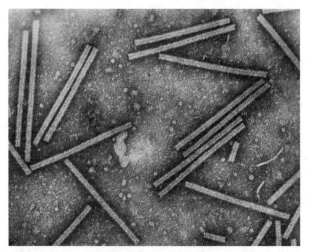

照片Ⅵ
活的分子？这张照片是烟草花叶病毒微粒。

附着在染色体的长链上，也不想被臃肿的细胞质所包裹。

事实上，病毒增殖过程似乎也与细胞分裂中的染色体翻倍完全相同，病毒的整个身体会沿着轴线方向分裂，进而分裂产生两个新的全尺寸病毒颗粒。显然，这一过程不同于酒精自发繁殖的虚构案例，完全就是货真价实的生物增殖，病毒从周围介质中吸引与自身结构类似的原子团，然后将它们排列成与原始分子完全相同的模式。排列完成后，新的分子宣告诞生，完成增殖的原病毒分子一分为二。当然，这只是个比喻，实际上这些原始生命体似乎根本没有所谓的"生长"过程，新的生命体只是在旧的生命体旁边完成"组装"。你可以想象一个孩子，刚开始孩子依附在母亲的身体外侧生长，当其成人后就会从母体上脱落并与之分离。自然而然地，繁殖过程需要养分，必须在特殊的有机质介质中进行。不行如此，病毒对"食物"的挑剔程度要远胜于细菌，细菌还有自己的原生质，有一定的独立存活能力，而病毒的繁殖则必须依赖于其他生命体的活体细胞。

病毒还有一个典型的生物特征，那就是会发生变异，变异个体会把变异所获得性状遗传给它们的后代，整个过程严格遵循所有我们熟悉的遗传学规律。事实上，生物学家已经能够区分同一种病毒的几种菌株，并跟踪其"谱系发展"。可以肯定地说，如果有新的流感肆虐社区，那一定是有了一些新型的恶性流感病毒，而人类暂时还没有机会形成与之相适应的免疫力。

综上所述，病毒颗粒必然也属于生命体，这一点铁证如山。不仅如此，病毒颗粒也是常规化学分子，遵循所有的物理学和化学法则。事实上，纯化学研究表明，特定的病毒确实是一种结构明确的化合物，甚至可以与各种复杂但没有活性的有机化合物发生置换反应。生物化学家迟早能写出每一种病毒的化学式，一如现在写出酒精、甘油或糖一样容易。更令人惊讶的是，每种病毒颗粒的大小竟然是完全相同的。

甚至还有研究表明，离开了赖以生存的介质之后，病毒颗粒就会像普通晶体一般规则排列。例如，番茄丛矮病毒就会呈现出美丽的菱形十二面体结晶，你甚至还可以把这种晶体与长石和岩盐一起保存到矿物柜里，不过一旦回到活的番茄植株中，番茄丛矮病毒马上就会复活。

那么，人们是否可以利用无机材料创造生命体呢？加利福尼亚大学病毒研究所海因茨·弗伦克尔 – 康拉德（Heinz Fraenkel-Conrat）和罗布利·威廉姆斯（Robley Williams）迈出了重要的第一步。人们早就知道，长杆形状的烟草花叶病毒其实包括两个部分，中间是长直的核糖核酸，周边是蛋白质分子，二者彼此缠绕在一起，宛如电磁铁中铁芯周围的电线线圈。弗伦克尔 – 康拉德和威廉姆斯用了一些特殊的化学试剂，成功地分解了这些病毒颗粒，最终在不损害核糖核酸的前提下将二者成功分离。最终得到了两试管的水溶液，一支中只有核糖核酸、另一支中只有蛋白质。电子显微镜照片显示，试管也只有这两种物质的分子，再没有任何其他生命的痕迹。

但是一旦把两种溶液放在一起，核糖核酸分子就会开始结合，形变成每束 24 个分子的分子团，而蛋白质分子则开始缠绕在它们周围，再次形成实验开始时病毒颗粒的精确复制品。将"复制品"注入烟叶，这些被重新组合的病毒也一样具有活性，也会让植株罹患花叶病，就好像核糖核酸与蛋白质就从来没分开过一样。当然，这里的两种化学成分是通过分解活体病毒获得的，不仅如此，生物化学家们也已经能够用普通化学元素合成核糖核酸和蛋白质分子。虽然截至1960年，化学技术还只能合成相对较短的核酸或蛋白质分子，但随着时间的推移，病毒那样长的分子也一样不在话下，而人造病毒？那就更简单了，像上文一样把核酸和蛋白质放在一起就可以了。

第四部分

宏观宇宙

Part 4 Macrocosmos

第十章
冲出地平线

1.地球和它的邻居们

现在，从我们离开分子、原子和原子核，回到平常更为熟悉的物体上，准备开始新的旅程，这次我朝相反的方向出发，奔向太阳、恒星、遥远的星云和宇宙的边界。你会发现天文学与微观物理一般无二，科学将带我们走进另一处秘境、开辟另一番世界。

在人类文明的早期阶段，我们称为"宇宙"的范围其实小得可怜。那时人们认为大地是一个巨大的圆盘，四面环海，大地漂浮在海洋的表面。大地下面是深不见底的水，上面的天空是众神的居所。这个圆盘大到足以容纳当时地理学上已知的所有土地，包括地中海沿岸、欧洲、非洲、亚洲……地球圆盘的北缘被一系列高耸的群山阻挡，每当夜幕降临，太阳就会躲到这些高山后面的海面上。图104恰如其分地描述了古代历史上人们眼中的世界。但是到了公元前3世纪，有一个人提出了不同意

图 104　古人眼中的世界

见，他就是著名希腊哲学家亚里士多德。

在《论天》一书中，亚里士多德表达了这样的观点：我们的地球实际上是一个球体，部分被陆地覆盖，部分被水覆盖，地球被空气所包围。亚里士多德用许多我们熟悉的、现在看来习以为常的论据来支持他的观点。他指出，当船驶离海岸，桅杆是最后消失的，说明海面是弯曲而非平坦的。陆地与环绕陆地的水融为一体，形状应当与它的影子一样。月食的时候我们看到过那个影子，正是一条圆弧或者一个完美的圆——只有球形的影子才会这样。但当时只有极少数人相信他。人们无法理解的是，如果亚里士多德说的是真的，那些生活在地球另一边的人怎么能够倒着走路而不掉下去呢？为什么那些地方的水不会流向蓝天？（见图105）

如你所见，当时的人们并没有意识到物体掉下来是因为它们受到了地球的吸引。对他们来说，"上"和"下"是空间的绝对

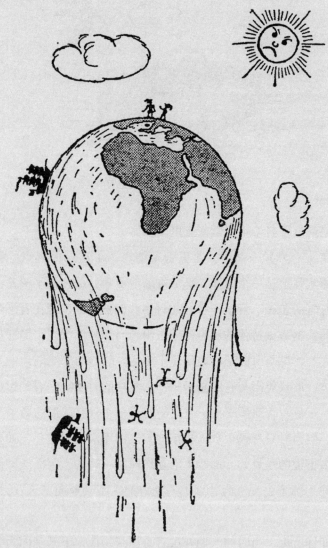

图 105　古人们以此反对地球是球形的

方向，在任何地方都应该是一样的，如果能够到地球的对面，你就会飞向天空。而实际情况是，如果你绕地球半圈，"上"可以变成"下"，"下"可以变成"上"，这个想法在他们看来一定很疯狂，就像爱因斯坦关于相对论的许多陈述在今天的人们看来也很疯狂一样。现在我们都知道重物的坠落是源于地球引力，而不是古人所谓的万物向下运动的"自然趋势"。但反对的声音实在太过强烈，让人们转变观念也实在太过艰难，以至于到 15 世纪，在亚里士多德之后近两千年出版的许多书中都没有采信他的观点。也许哥伦布本人出发去寻找通往印度的"另一条路"时，并不完全确定自己的计划是否合理，事实上，他也确实没有完成自己的计划，美洲大陆挡住了他的去路。直到费尔南多·德·麦哲伦（Fernando de Magalhaes）完成了著名的环球航行之后，关于地球是球形的最后一个疑问才最终消失。

当人们第一次意识到地球的形状是一个巨大的球体时，自然会问这个球体有多大？与当时已知的世界相比大小如何？但是，如果不进行环球旅行，你又如何测量地球的大小，然而环球航行对古希腊的哲学家来说显然是不可能的。

好吧，他们还真有办法，当时著名的科学家埃拉托色尼最先想到这一办法，那是公元前 3 世纪，埃拉托色尼住在希腊的殖民地亚历山大城。他从昔兰尼的居民那里听说，这个城市位于亚历山大城以南，两个城市距离大约 5000 视距。春分季节的正午，该城市上空太阳直射头顶，垂直物体不会产生阴影。另一方面，埃拉托色尼知道，亚历山大城从来没有发生过这样的景象，亚历山大城中春分日正午的太阳偏离了天顶 7 度，也就是一个圆的 1/50。假设地球是圆的，实际情形应如图 106 所示。太阳光垂直落在昔兰尼的时候，必然会以一定的角度照射到位于更北边的亚历山大城的地面上。如果从地心画出两条直线，一条穿过亚历山大，一条穿过昔兰尼，那么它们在交汇处形成的角度将与从地心到亚历山大城的直线和太阳直射昔兰尼时的光线交角相同。

这个角度是圆的 1/50，所以地球的总周长应该是两个城市之间距离的 50 倍，即 25 万个视距。一个希腊视距为 1/10 英里，因此埃拉托色尼的计算结果相当于 2.5 万英里或 4 万千米，非常接近现代测得的数值。

然而，第一次测量地球的伟大并不在于所获数字的精确性，而在于人们认识到地球居然如此之大。为什么它的总表面比所有已知土地的面积大几百倍？！这可能是真的吗？如果是真的，在

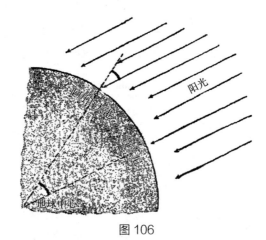

图 106

已知边界之外还有什么?

　　谈到天文距离，我们必须先了解一下所谓的视差位移（简称"视差"）。这个词听起来可能有点吓人，但事实上，视差是一个非常简单和有用的东西。

　　我们可以从尝试把线头穿进针眼开始认识视差。试着闭上一只眼睛去做，你会很快发现独眼的自己很难穿针引线。你会把线头穿到针眼后面很远的地方，或者停留在针眼的前面。换句话说，一只眼睛无法判断与针眼和线头的距离。但如果同时睁开两只眼睛，你很容易将线头穿过针眼，至少可以很容易地学会如何做到这一点。当你用两只眼睛观察物体时，你会自动把两只眼睛都集中在物体上，物体离你越近，就越要把眼球相向转动更大的角度，这种调整产生的肌肉感觉会让你对距离有个相当好的概念。

　　现在，如果不用两只眼睛看，而是先闭上一只眼睛，然后再闭上另一只眼睛，你就会注意到，物体相对于远处的背景位置会发生改变，就像本例中的针相对于窗户一样。这种效应就是"视差位移"，大家想必都很熟悉；如果从来没有听说过它，那就试一试，或者看看图107，它显示了右眼和左眼看到的针和窗。物体离我们越远，它的视差位移就越小，这样我们就可以用它来测量距离。由于视差位移可以精确地以弧度来测量，这种方法比根据眼球的肌肉感觉来简单判断距离更为精确。但是，由于双眼之间的距离只相隔3英寸，所以它们并不适合超过几英尺的距离，因为在观察更远物体的时候，两只眼睛的轴线几乎变得平行，视差位移变得极其微小，几乎可以忽略不计。为了判断更远的距离，我们需要增加两只眼睛之间的距离，这样才能增加视差位移的角度。不，我的意思不是让大家做外科手术，用镜子也一样可以达到目的。

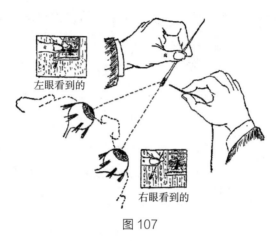

左眼看到的

右眼看到的

图 107

如图 108 所示，在发明雷达之前，战斗中的海军就是用这样一种装置测量与敌方战舰的距离。整个装置是一个长筒，每只眼睛正前方有两面镜子（A、A'），另外两面镜子（B、B'）在筒子的另两端。这样的测距仪，就把原来眼睛之间的距离 AA' 变成了 BB'，使你可以测量更远的距离。当然，海军士兵并不仅是依靠他们眼球肌肉的距离感来判断。测距仪上配备了特殊的工具和刻度盘，这些辅助工具可以帮他们准确测量视差位移。

即使敌舰几乎在地平线之外，测距仪也能完美地完成测距工作。但要想用它来测量天体之间的距离，却是丝毫没有指望——哪怕是月亮这么近的天体也测不出来。事实上，要测量地月距离，

图 108

就要观察月球相对于遥远恒星的视差位移，相应的光学基线需要几百英里。当然，这也不是说真的要制造一台把双眼隔开几百英里的机器——比方说，左眼在华盛顿，右眼在纽约。我们可以同时从两座城市拍摄星空背景上的月亮，再把两张照片放到立体透镜里，这样你就能看到悬挂在星空中的月亮。如图 109 所示，天文学家发现，两点之间所形成视差角为 1°24'5"，由此可见，地月距离约等于地球直径的 30.14 倍，也就是 384,403 千米或 238,857 英里。

根据这个距离和观察到的角直径，人们发现月亮的直径大约是地球直径的 1/4，也就是说它的表面积只有地球表面积的 1/16，大约相当于一个非洲大陆的大小。

用类似的方式，人们还可以测量地球到太阳之间的距离，当然地球离太阳更远，所以测量起来要困难得多。天文学家发现，这个距离是 149,450,000 千米或 92,870,000 英里，是地球距离的 385 倍。也正是因为这个巨大的距离，使得太阳看起来和月亮差不多大；但实际上太阳要大得多得多，它的直径达到了地球直径的 109 倍。

如果把太阳看作一个大南瓜，那地球就是一颗豌豆，月亮就是一粒西瓜籽，而纽约的帝国大厦就像显微镜下看到最小的细菌一样渺小。值得一提的是，在古希腊时期，一位名叫阿那克萨戈拉（Anaxagoras）的进步哲学家曾经被放逐，就仅仅因为他告诉学

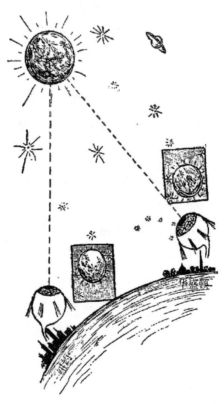

图 109

生太阳可能是一个和希腊差不多大的火球，就遭到死亡的威胁。

类似的，天文学家还测量了太阳系中不同行星与地球之间的距离。其中最遥远的行星是最近才被发现的冥王星[①]，离太阳的距离是地日距离的大约 40 倍，达到了 3,668,000,000 英里。

2. 银河系

太空旅程的下一站，我们从行星去往恒星。还是使用视差位移的方法进行观测，然而即使是最近的恒星离我们也是如此遥远，哪怕找到地球上相距最远的两点，我们也无法观察到明显的视差位移。但这一点难不倒我们，地球不够大？那我们就用更大的，比如说地球围绕太阳的公转轨道。换句话说，我们可以从地球公转轨道的两端观察恒星的相对位移，当然，这也意味着两次观测要间隔半年之久，那么问题来了，"不同时"的观测又会造成什么影响呢？

1838 年，德国天文学家贝塞尔（Bessel）就用这个方法试图计算一颗恒星的距离，在相隔半年的两个不同夜晚，贝塞尔对目标恒星的相对位置进行了观测。不过起初他的运气不太好，挑选的恒星离我们实在太远了，哪怕以地球公转轨道为基础，也无法观察到明显的视差位移。不过贝塞尔也不是一无所获，在天文学手册上有颗叫"天鹅座 61"的暗星，好像就在半年之间稍稍偏离了原来的位置（见图 110）。

---

① 2006 年，冥王星被降格为"矮行星"，主要原因是质量太小、公转轨道与"八大行星"差别较大等。——译者注

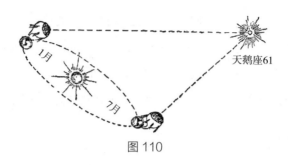

图 110

又过了半年，那颗恒星又回到了原位置，这就是平行位移视差效应，贝塞尔也成为第一个拿着标尺度量太阳系外星空的人。

天鹅座 61 的年视差位移最大值只有 0.6 角秒，确实非常小，小到什么程度呢？大概相当于你看 500 英里外一个人时双眼的视线夹角！好在天文仪器非常精确，即使是这样的角度它也可以精确地测量出来。结合已知的地球轨道直径，贝塞尔计算出恒星在 103,000,000,000,000 千米之外，比太阳足足远了 690,000 倍！这是个令人咋舌的大数字，回到上面的例子中，如果把太阳比作一个南瓜，地球就像一颗 200 英尺外围绕它旋转的豌豆，而这颗恒星的距离则远在 3 万英里之外！

因此在天文学中，人们习惯于使用光速描述非常远的距离，并由此产生了一个重要的长度单位——光年。大家可以感受一下，光绕地球一圈只需要 1/7 秒，从月球走到地球略多于 1 秒，从太阳走到地球约 8 分钟。那么看看天鹅座 61，它是宇宙中离我们最近的邻居之一，即使如此，光从天鹅座 61 走到地球也需要大约 11 年。如果有一天，这颗恒星毁于一场宇宙浩劫，再或者它突然爆炸变成了一团大火球，我们也必须等待漫长的 11 年才能看到它最后的光芒。这束微光跨越茫茫的星际空间，播报着"最新"的宇宙新闻，那是一个悲伤的故事——一颗恒星永远地离开了我们。

根据地球与天鹅座 61 之间的距离，贝塞尔计算出这颗恒星际上是一个巨大的发光体，实际体积仅仅比太阳小 30%、亮度也只是略低而已，只因为它距离我们实在太远了，看起来只是黑色的夜空中安静闪烁的一个微小光点。十六世纪初，哥白尼革命性地提出，太阳只是散布在广袤空间、彼此相距甚远的无数颗恒星之一，天鹅座 61 的观测则第一次直接证明了哥白尼的这一观点。

贝塞尔迈出第一步以后，天文学家们又陆续测量了许多恒星的视差位移。甚至还有几颗比天鹅座 61 离我们还要近，其中最近的一颗是半人马 α 星，也就是南门二，南门二距离我们只有4.3 光年，大小和亮度都与太阳非常相似。不过显然绝大多数的恒星则离我们太远太远了，远到连地球轨道直径都无法满足光学基线的需要。

不仅如此，人们还发现，恒星的大小和亮度其实千差万别。有些很大、也很亮，比如参宿四，距离我们大约 300 光年，比太阳足足大 400 倍、亮 3600 倍；有些则很小、也很暗，比如范马南星，距离我们 13 光年，大小甚至只有地球的 75%，亮度则相当于太阳的万分之一。

那么宇宙中到底有多少颗恒星呢？你可能也会随波逐流，认为天空中的星星数不清。然而，它与许多流行的观点一样，都是错误的。至少就肉眼可见的恒星而言，人们在南北半球上看到的恒星总数只有 6000 到 7000 颗；而且实际上，一半的星星总会在地平线以下，靠近地平线的恒星能见度又会受到大气的干扰。因此，即使是没有月亮的晴朗夜晚，肉眼可见的恒星数量通常也只有 2000 颗，如果你足够勤奋，每秒钟数一颗，大约半小时内就能把它们全部数完。

望远镜能帮我们看到更多的恒星：如果有野外双筒望远镜，你就能多看到大约 5 万颗恒星；如果有一副 2.5 英寸的望远镜，恒星数量能有大约 100 万颗；加州威尔逊山天文台有个 100 英寸的大望远镜，透过它你能看到大约 5 亿颗恒星——数完它们可得花上一个世纪的时间——事实上人们也不会干这种傻事儿，5 亿这个数其实是通过夜空中不同区域内可见恒星数量等比例推算的结果。

一个多世纪前，著名的英国天文学家威廉·赫歇尔（William·Herschel）自制了一个大型望远镜，借助这个望远镜，赫歇尔惊人地发现，横跨夜空的微弱发光带里其实有着许多肉眼看不见的恒星，而那条微弱的发光带正是传说中的银河。正是由于赫歇尔的努力，天文学界才认识到，银河并不是一个普通的星云，也不是一条横跨天空的气体云带，而是众多恒星组成的星系，只不过这些恒星离我们很远、看起来很是微弱，以至于肉眼无法分辨它们罢了。

借助越来越强大的天文望远镜，人们已经能够在银河系中看到越来越多的独立恒星，但即使如此，更多的恒星仍处在朦胧的银河背景中。然而，如果你据此认为银河系是宇宙中恒星密度最高的星系，那着实有点夜郎自大了。银河系中的恒星分布并不密集，只不过在我们的视线方向上深度更大，所以貌似比其他地方有着更多的恒星。

地球就在银河系里，恒星一直延伸到我们借助望远镜所能看到的地方，朝着银河的方向看去，就像从一片深山老林向外眺望，无数的树枝错落交叠，看到的是影影绰绰的森林魅影；而在太空的其他方向看，恒星并未延伸到我们的视觉范围内，无论哪里都是群星之间的空旷宇宙，一如透过头顶树叶就能看到的支离破碎的蓝天。

因此，太阳也只不过恒星世界中无足轻重的一员，太阳系在广袤的宇宙中占据了一个扁平的区域，这个区域在银河的平面上延伸了很远，而在与银河系垂直的方向上则相对较薄。

经过几代天文学家更详细的研究，最终得出的结论是，银河系包括大约 40,000,000,000 颗独立的恒星，分布在一个直径约100,000 光年、厚度约 5000～10,000 光年的镜片状区域中，这项研究的一个结果大大颠覆了人类的认知——我们的太阳根本不在这个巨大星系的中心，而是靠近银河系统外缘。

图 111 为我们展示了这个巨大的恒星蜂巢，顺便说一句，在更科学的语言中，银河的学名就应该是银河系（Galaxy）。这不过是个示意图而已，一方面那些代表独立恒星的点远少于 400 亿[①]，另一方面图中银河系的大小也只有实际尺寸的一万亿亿分之一。

---

① 目前，人们估计银河系大约有 1000 亿～4000 亿颗恒星。——译者注

银河系的巨大恒星群无时无刻不在高速旋转，每一颗恒星都像金星、地球、木星和其他行星，旋转轨道几乎是圆形的，圆心就是所谓的"银心"。"银心"位于半人马座即射手座的方向，仔细注视天空，你会注意到这个星座附近更加宽阔，说明这里正是透镜状银河中最厚的中央区域，图111中的天文学家看着的也正是这个方向。

"银心"长什么样子？我们无从得知，悬挂在太空中的星际物质将其挡得严严实实，看着半人马座那宽广而狭长的"河中岛"，你自然会想到牛郎织女的神话，银河在这里被分成了两条"单行线"。但实际上的分岔并不存在，一切都是我们和"银心"之间的星际尘埃造成的视觉感受而已。因此，银河中间的这片暗

图 111　观看缩小了 100,000,000,000,000,000,000 倍的银河系，
天文学家的头部大约就是太阳所处的位置

区与"河道"两侧漆黑的夜空可不太一样，后者是宇宙中真正漆黑一片的背景，而前者只是不透明的星际尘埃的遮挡。仔细看，暗区里还隐约有几颗星星，它们实际上位于云团的前方，也就是在我们和云团之间（见图112）。

图112　仰望银河系中心，那些神话中的天体被分成了两条单行道

　　太阳也和其他数十亿恒星一起，时刻围绕着"银心"高速旋转。令人遗憾的是，我们无法看到神秘的"银心"，但是通过观测其他星系，我们可以在某种程度上推测"银心"的模样。"银心"之于银河系和太阳之于太阳系并不完全相同，太阳控制着太阳系内所有的行星，但"银心"并不是主宰银河系所有天体的超级星体。稍后我们会知道，其他星系的中心都有无数的恒星，密集程度远大于星系边缘，相信"银心"也是如此。

　　新的问题又来了，如果包括太阳在内的所有恒星都绕"银心"旋转，我们又是如何证明这一点的呢？它们的轨道半径有多大呢？公转一周又需要多少时间呢？几十年前，荷兰天文学家奥尔特（Oort）给出了这些问题的答案，他的办法与哥白尼研究太阳系如出一辙。

我们先回忆下哥白尼的研究：古巴比伦人、古埃及人等都曾观察到，一般情况下，土星或木星等大行星与太阳的运行方式并无区别，但偶尔又都存在一些相当奇特的运行方式，它们会突然停下来、掉头往回走，走一段又会突然停下来、再次掉头回到原来的方向。图 113 下图示意性地展示了土星大约两年的运动轨迹。由于宗教的偏见，很长一段时间里，人们笃信地球才是宇宙的中心，所有行星和太阳都绕着地球往复运动。在这种宇宙框架下，人们不得不为行星轨道假设各种非常特殊的形状，甚至不惜为其套上一圈又一圈的本轮和小本轮。

哥白尼无疑是那个具有非凡洞察力的先驱者，16 世纪初，他天才地解释到：地球也是一颗行星，和其他行星一起绕太阳作简

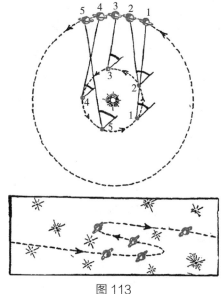

图 113

单的匀速圆周运动，依据这一理论，土星的真实运动应该如图
113 上图所示，它和地球一起绕太阳以不同周期公转，所谓留、
逆行本质上都是土星与地球相对运动的自然结果。

　　太阳在中心，代表地球的小球绕着太阳转小圈，代表土星的
有环球体绕太阳转大圈，二者公转方向相同。序号 1、2、3、4、
5 分别代表地球和土星在一年中不同时刻的位置，但是众所周知，
土星公转速度要比地球慢很多，通过从地球的不同位置画线到相
应的土星位置，连线与某固定恒星方向之间的夹角不断变化，先
是增加、然后减少、紧接着再增加，看起来就好像土星在天空
中兜兜转转。类似的，奥尔特用图 114 解释了银河系恒星绕"银
心"的公转：图中"银心"周围有大量的恒星，三个圆圈代表了
距"银心"不同距离恒星的公转轨道，其中中间的圆圈代表太阳
的运行轨道。

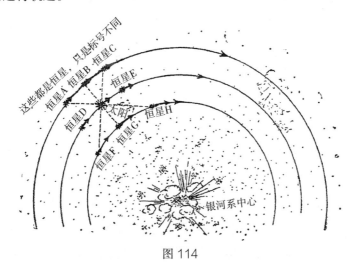

图 114

让我们假想 8 颗恒星，如图 114 所示，8 颗恒星与太阳呈米字形分布，也就是图中的箭头，其中两颗恒星运动轨道与太阳相同，只不过一颗稍稍靠前、一颗稍稍靠后，另有各 3 颗恒星位于稍大和稍小的轨道上。在万有引力定律的作用下，外侧轨道恒星速度较低、内侧轨道恒星速度较高，为了方便大家理解这一事实，我们在图中用不同长度的箭头表示彼此运动速度的不同。

如果从太阳或者从地球上观察这 8 颗恒星的运动，又会是什么样子呢？也就是说研究对象是恒星沿观察者视线方向的运动，这就要用到所谓的多普勒效应。很明显，对于恒星 D 和 E 来说，它们与太阳轨道相同、运动速度也相同，看起来就像是静止的；同样貌似处于"静止"状态的还有恒星 B 和 G，它们的运动方向平行于太阳，所以沿视线方向的速度分量为零。

那么外圈轨道上的恒星 A 和 C 又如何呢？它们的运动速度都比太阳慢，所以看起来 A 星会被越落越远，C 星则会被太阳逐步赶上并超越。也就是说，我们与 A 星的距离将增加，而与 C 星的距离则不断减少，来自这两颗恒星的光会分别产生红移和蓝移现象。对于内圈轨道上的 F 星和 H 星来说，情况正好相反，F 星会出现蓝移，H 星则会出现红移。

假设刚才描述的现象只能由恒星的圆周运动引起，而且如果这种圆周运动真的存在，那么我们不仅能证明这一假设，还能估计恒星轨道的半径和恒星运动的速度。通过收集天空中所有恒星明显运动的观测数据，奥尔特证明了他所预期的多普勒效应现象确实存在，从而也毫无疑问地证明了银河系的旋转。

以类似的方式还可以证明，银河系的旋转效应将影响垂直于观察者视线的恒星的视速度，尽管这一速度分量给精确测量带来了更大的困难，因为即使是远处恒星非常大的线速度也对应着天球上极小的角位移，但奥尔特和其他天文学家的确观察到了这种效应。

这种效应也被命名为奥尔特效应，如果能精确测量恒星运动的奥尔特效应，我们就能算出恒星的公转轨道和周期。使用这种计算方法，科学家们计算出太阳轨道半径为 30,000 光年，这一数值大约是银河系半径的 2/3。太阳围绕"银心"旋转一整圈所需的时间约为 2 亿年，这当然看起来是个很长的时间，不过从另一个角度看也没那么长。银河系大约有 50 亿年的历史，从银河系诞生至今，我们的太阳和它的行星家族已经绕"银心"转了大约 20 圈，比照地球年的定义，也可以把太阳公转周期称为"太阳年"，那么算起来宇宙只有 20 岁[①]。的确，在恒星的世界里，一切都得很慢，"太阳年"正是一个很合适的时间测量单位。

3. 走向未知的边界

在广袤的宇宙里，银河系并不孤独。通过望远镜，人们已经发现，太空中存在许多巨型的恒星群，其中闪烁的每一颗星星都是太阳一样的恒星。最近的一个是著名的仙女座，我们甚至可

[①] 这里准确的逻辑应该是银河系的年龄只有太阳年的"20 岁"。当然，当时的科学家们认为宇宙年龄和这个也差不多，而随着科技的进步，目前人们估算的宇宙年龄已经达到了 138 亿年。——译者注

以用肉眼看到仙女座星系，它很小很暗，像被拉长的棉絮。照片
Ⅶ A 和Ⅶ B 还显示了两个这样的天体群，它们分别是后发座星系
的侧视图和大熊座星云的俯视图。值得注意的是，两个星系也拥
有特殊的旋涡结构，因此我们也称为"旋涡星系"。许多迹象表
明，银河系应该也是类似的旋涡结构，太阳系则可能位于"银河
系大星系"其中一个旋臂的最末端，只不过我们当局者迷，无法
确定银河系结构的准确形状而已。

　　曾经很长一段时间里，天文学家们都没有意识到这些天体其
实和猎户座的普通弥散星系一样，还一度以为它们只是银河系内
部飘浮在恒星之间的大团尘埃，但是后来人们发现这些雾状的旋
涡形物体根本不是雾，而是亿万颗独立的恒星，在更大的望远镜
中可以看到，它们就是一个个微小的独立点，可惜距离我们实在
太远了，无法基于视差位移计算它们的实际距离。

　　的确有人以为我们的探索只能到此为止了，以为或许我们真
的已经达到了测量天体距离的极限，但"世上无难事，只要肯登
攀"！在科学实践中，我们总会遇到貌似无法克服的困难，但逡
巡和徘徊也总是暂时的，随着时间的推移，人们也总是能够想出
克服困难的办法。1915 年，哈佛大学的天文学家哈洛·沙普利
（Harlow Shapley）成功解决了造父变星零点标定的问题，为天文
学测距找到了新的测量"尺子"。

　　夜空中的恒星多不胜数，其中大多数恒星只会安静地默默
发光，看起来没有任何变化，但有一些特殊的恒星会周期性地改
变亮度，从明到暗、又从暗到明。这些恒星的巨大躯体像心脏一

样有规律地跳动，亮度也伴随着这种跳动周期性地发生变化。大家都知道，单摆运动周期取决于摆长，其他条件相同时，摆长越长、周期越长。造父变星也有一样的特点，恒星越大，脉动周期也就越长。

小恒星的脉动周期只有几小时，而那些巨无霸则需要几年的时间才能完成一次周期脉动。同时，更大的恒星也更加明亮，也就是说，恒星脉动周期和恒星平均亮度之间存在着明显的关联，借此可以直接测量它们的距离和实际亮度。

如果某一天，你发现了一颗超出视差位移测量范围的造父变星，那么你只需要通过望远镜观察这颗恒星，同时记录其脉动周期。这个周期可以帮助你计算出它的实际亮度，然后再比较一下视亮度和实际亮度，就能得到这颗恒星到地球的距离。沙普利正是用这种巧妙的方法成功地测量了银河系内特别大的距离，进而成功估算了整个银河系的大小。

沙普利的故事并未至此结束，他也曾用同样的方法测量了仙女座星系几颗造父变星的距离，结果让他大吃一惊，从地球到这些恒星的距离居然与仙女座星系本身的大小相距无几，而这几颗造父变星距离地球足足有170万光年，这个大小比人们估计的银河系直径可要大得多，甚至仅仅是仙女座星云也只比整个银河系小一点点而已。不仅如此，照片中显示的两个旋涡星系距离更远，它们的直径也与仙女座星系的直径相当。

这个发现再一次推翻了天文学家早期的假设，证明旋涡星系并不是位于银河系内的"小东西"，而是类似银河系的独立恒星系统。如果仙女座大星系的数十亿颗恒星中也有一颗"太阳"，绕着它也有一颗"地球"，上面也有一个人正望着我们的银河系"星云"，他看到的应该与我们看到的仙女座星系一般无二。

对这些遥远的恒星社群的进一步研究，应该归功于威尔逊山天文台著名的星系观察家 E. 哈勃（E.Hubble）博士，正是得益于他的发现，许多有趣而重要的天文现象终于揭开了面纱。首先哈勃博士有个好望远镜，能看到的恒星要比我们的肉眼多得多。哈勃博士发现，并非所有的星系都是旋涡形的，实际上，星系呈现出大量不同的类型：有球形的、有偏心率不同的椭圆形的，即使是旋涡体本身也并不相同，这种不同主要体现在"被缠绕起来的紧密度"上，此外还有一些形状非常奇特的"棒旋"星系。

有一个极其重要的事实是，所有被观察到的星系形状的种类可以排成一个有规律的序列（见图 115），大概与这些巨型恒星社群的不同进化阶段相对应。

尽管我们还远未了解银河系演变的细节，但星系演化似乎是一个逐渐收缩的过程。众所周知，当一个缓慢旋转的球体经历稳定的收缩时，它的旋转速度就会增加，其形状就会变成一个扁平的椭圆体。在收缩的某一阶段，当其"极地半径"与"赤道半

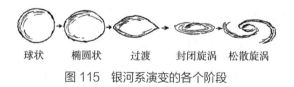

球状　　椭圆状　　过渡　　封闭旋涡　松散旋涡

图 115　银河系演变的各个阶段

径"的比值达到 7/10 时，旋转体会呈现出透镜形状并且沿其赤道方向出现尖锐的边缘。进一步收缩使这种透镜状保持相对不变，但形成旋转体的气体开始沿着尖锐的赤道边缘流向周围的空间，从而在赤道平面上形成一层薄薄的气态面纱。

英国著名的物理学家和天文学家詹姆斯·金斯爵士（Sir James Jeans）已经在数学上证明了这一假设。而且，这一假设不仅适用于一个旋转气团，也同样适用于我们称为星系的巨大恒星云团。事实上，我们也可以把数十亿颗恒星组成的集群看作一个旋转气团，其中的独立恒星就是一个个分子。

对比詹姆斯·金斯爵士的理论计算和哈勃博士的星系分类，我们发现，这些巨大的恒星社群完美遵循了上述演化过程。特别值得注意的是，最细长的椭圆星系半径之比刚好就是 7：10，而且这时星系赤道上已经开始出现棱边。至于演化后期阶段形成的旋涡体，显然正是快速旋转甩出去的物质形成的。不过，说到这些旋涡体形成的原因和方式，以及为什么会有简单旋涡体和棒状旋涡体，科学家们仍然没有找到一个完全令人满意的解释。

路漫漫其修远兮！关于星系的结构、运动、组成等等，需要科学家们进一步探索的还有很多。例如，威尔逊山的一位天文学家 W. 巴德（W.Baade）就发现，构成旋涡星系的中心体（核）、球状星系、椭圆星系的恒星类型完全相同，但在旋涡体的旋臂上，恒星群却与中心区域的恒星群不同，其中有些灼热而明亮的恒星，也就是所谓的"蓝巨星"，至少目前为止，人们从未在旋涡星系的中心区域和球状及椭圆星系中发现过"蓝巨星"。第十一章中我们还会讲到，"蓝巨星"很可能代表了最近形成的恒星，所以有理由认为那些旋臂其实是就是孕育新恒星群的温床。目前人们的假设是，椭圆星系源于原始气体，星系收缩后从赤道位置喷射出大量气体，这些气体进入寒冷的星系间空间并凝结成独立物质，然后不断收缩、变得灼热而明亮。

关于恒星的诞生和演变，我们将在第十一章中详细讨论。现在，我们暂时收起这个小插曲，继续说宇宙，讨论下一个问题——独立星系在浩瀚宇宙中是如何分布的？

基于造父变星的测距方法也不是万能的，如果目标星系在银河系附近还行，但进入太空深处后，距离实在太远太远了，即使通过最好的望远镜也根本无法分辨独立的恒星，那些星系看起来就像是细长的云雾状物体。在这种情况下，我们只能依靠星系的可见大小判断它的距离，这种估计的经验基础是，所有特定类型的星系大小相同。就好比说，假如没有巨人也没有矮人，所有的人都一样高，那么你就可以通过观察一个人的身高来判断他离你有多远。

哈勃博士已经证明，借助最强大的望远镜，在目力所及的范围内，那些遥远的星系"或多或少"地均匀散布在宇宙之中，所谓"或多或少"的意思是，星系也会像恒星一样聚集，聚集形成的结构我们称之为星系群或星系团[①]，有的星系团甚至包含成千上

---

① 星系之间也会构成一个疏散的结构，星系数量超过 100 个的叫作星系团，少于 100 个的则叫作星系群。太阳系所在的银河系就位于一个叫作本星系群的星系群中。——译者注

万的星系。

显然，银河系只是一个相对较小的星系群中的一员，成员有 3 个旋涡星系（包括银河系和仙女座星系）、6 个椭圆星系和 4 个不规则星系（其中两个分别是大小麦哲伦星云）。

通过帕洛马山天文台 200 英寸的大望远镜，人们发现，除了这些星系群、星系团，大部分星系都相当均匀地散布在 10 亿光年以内的空间中，相邻星系之间的平均距离约为 500 万光年，而宇宙的可视范围内则包含大约几十亿个独立的星系。

再次回到我们先前的比喻，帝国大厦是一个最小的细菌，地球是一颗豌豆，太阳是一个南瓜，那么银河系就是数十亿个南瓜组成的"南瓜军团"，这个"南瓜军团"大致在木星公转轨道上密密麻麻地分布着——可想而知，描述宇宙尺度的确不是一件容易的事儿，即使把地球缩到豌豆大小，已知宇宙的大小也已经是个天文数字。如图 116 所示，尽已所能，我希望大家能够对天文学家的探索有个基本的概念——从地球，到月球，到太阳，到恒星，再到遥远的星系，直至未知的宇宙边缘。

现在，回到那个最基本的问题——宇宙究竟有多大？这个数字是否是个无穷数？是否只要有更大更好的望远镜，天文学家就一定会看到新的、迄今尚未探索的宇宙空间？再或者，我们必须相信，宇宙非常之大，但这个"大"终归是有限的，至少从理论上来说，我们早晚会看到最后一颗新的星星。

当然，这里的"有限大小"并非是绝对的界限，并不是说走过几十亿光年，太空探险者就会遇到一堵空白的墙，上面贴着

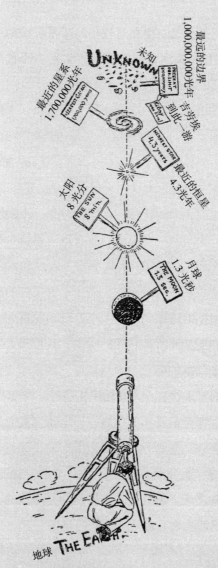

图 116 宇宙探索的里程碑，以光年表示距离单位

"禁止通行"的告示。

事实上，第三章中我们已经设想过，宇宙空间可能是有限无界的。它可以简单地弯曲并"向自己靠拢"，因此，假设一个太空探险家试图引导他的飞船沿直线（测地线）一路往前飞，没准最后他会回到原地。这就好比一个古希腊探险家，某一天，他从家乡雅典城向西而行，跋山涉水几度春秋，居然发现自己又走进了雅典城的东门。

亚里士多德也没有环游过世界，却准确预言了地球是球形的。所以，研究地球表面的弯曲并不需要跋山涉水，只需要研究某些较小部分的几何形状并计算曲率即可，研究宇宙三维空间的弯曲亦是如此。第五章中我们曾经讲过，弯曲分为两种，一种正曲率对应有限闭合空间，一种负曲率对应马鞍形的开放无限空间。两种空间的区别在于，在闭合空间中，落在观察者一定距离内均匀散布的物体数量比距离立方增加得慢，而在开放空间中则正好相反。

在我们的宇宙中，"均匀散布的物体"就是那些独立的星系，所以要想看看我们的宇宙是怎么弯曲的？其实又回到古老的数数问题，只需要数离我们不同距离的独立星系数量即可。

实际上，哈勃博士已经完成了这样的计算，他发现星系的数量似乎比距离的立方增加得更慢，这也表明空间曲率为正，是个有限的闭合空间。当然，需要提醒的是，哈勃观察到的这种效应非常微弱，而且只有在 100 英寸威尔逊山望远镜的观察极限附近才有这种明显的弯曲效应，而最近用新的帕洛马山 200 英寸反射望远镜看，做出这一判断还需要更多的信息。

宇宙是否有限的不确定性还不止于此，遥远的星系到底有多远其实并不确定，因为缺乏光学基线，人们只能根据其表面亮度并基于平方反比定律推算距离，但这种方法又必须假设所有的星系都拥有相同的可见亮度。然而，如果个别星系的亮度随时间变化呢？而且，帕洛马山望远镜看到的最遥远的星系已在10亿光年之外，也就是说我们看到的只是它们在10亿年前的状态，如果星系随着年龄的增长而逐渐变暗，那么哈勃的结论就必须被改变。事实上，在10亿年的过程中，哪怕星系亮度的微小变化也可能推翻目前"宇宙有限"的结论。

因此，要想回答宇宙到底是有限的还是无限的？我们依然任重而道远！

第十一章
创世时代

1. 行星的诞生

对我们这些生活在世界七大洲的人来说，"坚实的大地"这一表述是稳定、永久的同义词。在我们看来，地球表面所有熟悉的部分，它的大陆和海洋，它的山脉和河流，都是亘古不变的。然而实际上，历史地质学的数据表明，地球的地貌正在逐渐改变，大面积的大陆可能被海水淹没，曾经被淹没的地区也可能浮出水面。

我们也知道，古老的山脉会历经风雨被夷为平地，新的山脊则由于构造活动而不时地隆起，但所有这些变化仍然只是地球固体地壳的变化而已。

不难看出，一定有一个时期还不存在这样的硬质地壳，我们的地球曾经是一个由熔化的岩石组成的灼热球体。事实上，对地球内部的研究表明，它的大部分主体仍然处于熔融状态，而我们随口说的"坚实的大地"实际上只是漂浮在熔融岩浆表面相对较薄的一层硬壳。得出这一结论并不困难，在地球表面不同深度下测得的温度以每千米约 30℃ 的速度增加，因此，在世界最深的南非罗宾逊金矿中，井壁非常灼热，矿上不得不安装一个空调设备以防止矿工被活活烤熟。

按照这样增长速度，在地表 50 千米以下，温度将达到 1200 ～ 1800℃ 岩石熔点，这一距离还不到地球半径 1%，所有更深处构成地球主体 97% 以上的物质，将处于完全熔化状态。

很明显，这种情况不可能永远存在，我们都曾观察逐渐冷却的过程，这个过程在地球曾经还是一个完全熔化的物体时就开始了，并将在遥远的未来随着地球完全凝固而结束。对硬质地壳冷却和增长速度的粗略估计表明，冷却过程大约始于几十亿年前。

通过估算形成地壳的岩石寿命，也可以得到同样的结论。虽然乍一看，岩石似乎是不变的，从而产生了很多诸如"坚如磐石"的成语，但许多岩石内部都含有一个天然的"时钟"，它向地质学家表明，自它们从熔融状态开始凝固以来，已经过去了很长时间。

能够揭露岩石年龄的地质钟就是微量的铀和钍，它们经常出现在地表和地下不同深度的各种岩石样本中，正如我们在第七章中所看到的，这些元素的原子会发生缓慢自发放射性衰变，最后形成稳定的元素铅。

为了确定含有这些放射性元素的岩石年龄，我们只需要测量几个世纪以来由于放射性衰变而积累的铅含量。

事实上，只要岩石材料处于熔融状态，放射性分解产物就可以通过扩散和对流效应，将衰变产生的铅不断地送往别处。而一旦熔岩凝固成岩石，铅的积累就开始了，铅的含量可以告诉我们持续了多长时间。

最近的研究通过这种累积技术精确测量了岩石中的铅同位素和其他不稳定的化学同位素（如铷 87 和钾 40）的衰变产物累计值，发现最古老岩石的最大年龄约为 45 亿年。因此，可以得出结论，地球的硬质地壳是大约 50 亿年前由以前的熔融物质形成的。

因此，50 亿年前的地球应该就是一个完全熔化的球体，周围是由空气、水蒸气和其他可能极易挥发物质组成的厚厚的大气。

那这团灼热的宇宙物质是如何形成的，又是什么样的力量促使它凝聚成形，谁为它提供了原始的材料？这些问题涉及地球的起源以及太阳系中其他行星的起源，是天体演化学的基本问题，也是许多世纪以来天文学家不懈的追求。

1749 年，法国著名的自然学家布丰伯爵在他的《自然史》中首次尝试用科学手段来回答这些问题。布丰认为行星是太阳和来自星际空间深处的彗星之间碰撞的结果。他的想象力描绘了一幅生动的画面：一颗"致命彗星"拖着长长的亮光尾巴擦过当时孤独的太阳表面，并从它巨大的身体上撕下许多小"团块"，这些团块被撞击送入太空，同地开始高速旋转（见图 117a）。

几十年后，著名的德国哲学家康德提出了完全不同的观点，他更倾向于认为太阳是在没有任何其他天体的干预下自行构建于行星系统，他把早期的太阳想象成一个巨大的、温度相对较低的

气团，气团体积差不多与目前的太阳系一样大小，并围绕其轴线
缓慢旋转。气体团携带的热量不断辐射进周围空旷的宇宙，与此
同时，球体的稳定冷却必然导致其逐渐收缩，旋转速度也随之增
加。这种旋转产生越来越强的离心力导致原始气态太阳逐渐变
平，最终它喷出的气体沿着隆起的赤道形成了一系列的气态环
（见图117b）。普拉托（Plateau）的经典实验为这种自旋转体环状
物形成假说提供了支撑，在实验中，普拉托让一个大的油滴悬浮
在密度相同的其他液体中，通过辅助机械装置使其快速旋转，当
旋转速度超过一定限度时，就开始在其周围形成油环，这种方式
形成的油环后来又破裂凝聚成各种行星，并分别以不同的距离绕
着太阳旋转。

布丰的碰撞假说　　　　康德的恒星环假说

图117　宇宙学的两个思想派别

再后来，这些观点被法国著名数学家皮埃尔西蒙·拉普拉斯侯爵（Pierre-Simon, Marquis de Laplace）采纳和发展，1796 年，拉普拉斯出版《宇宙系统论》，书中向公众介绍了这些观点。虽然拉普拉斯是一位伟大的数学家，但他并没有试图对这些观点进行数学处理，而是以比较通俗的方式做了一些定性讨论。

60 年后，当英国物理学家克拉克·麦克斯韦（Clerk Maxwell）首次尝试用数学方式来解释太阳的起源时，遇到了康德和拉普拉斯的宇宙论观点中一道显然无法逾越的障碍。事实上，如果目前集中在太阳系各个行星上的物质均匀地分布在目前所占据的整个空间中，那么物质的分布将非常稀薄，稀薄到引力无法凝聚成独立的行星，因此，从收缩的太阳中抛出的环将永远是像土星环那样的环，土星环实际上就是无数的微粒状的卫星，它看起来很稳定，完成没有显示出"凝聚"成一个固态卫星的趋势。

摆脱这一窘境的唯一办法是假设太阳的原始气态环所包含的物质比我们现在在行星中发现的要多得多，相差超过 3100 倍，这些物质质量大部分落在太阳上，只留下大约 1% 的物质留在外面形成了行星。

然而，这样的假设又会导致另一个严重的问题。如果这么多的物质落在了太阳上，而它们的初始旋转速度又与行星相同那么这些能量足以让太阳角速度达到目前的 5000 倍。如果是这样的话，太阳将以每小时 7 圈的速度旋转，而不是现在的大约 4 周 1 圈。

这些矛盾似乎宣告了康德—拉普拉斯假说的死亡，天文学家满怀希望地把目光转向其他地方，布丰的碰撞理论被美国科学家

T.C. 张伯伦（T.C.Chamberlin）、F.R. 莫尔顿（F.R.Moulton）以及英国著名科学家詹姆斯·金斯爵士重新发现。当然，布丰的原始观点被大大改进，比如说，撞击太阳的天体绝不会是一颗彗星，因为当时他们已经知道，彗星的质量实在太小，甚至连月亮都比不上，现在人们普遍认为，撞击的天体是另一颗大小、质量与太阳大致相当的恒星。

改进的碰撞理论在当时似乎摆脱康德—拉普拉斯假说矛盾的唯一方法，但是修正后的碰撞理论也不太站得住脚，比如我们很难理解为什么被另一颗恒星猛烈撞击后抛出的太阳碎片会沿着几迈圆形的轨道运动，为什么不存在又长又扁的椭圆轨道。

为了解决这个问题，人们必须假设行星形成之时，太阳实际上包裹在一层旋转的均匀气体中，这些气体有助于将原本拉长的行星轨道变成近似规则的圆形。但是现在人们已经知道行星周围并没有这样的介质存在，所以人们又假设这些气体后来逐渐消散在了星际空间中，而太阳黄道平面上微弱的黄道光就是那辉煌的往昔留下的遗迹。但这幅图画怎么看都是康德—拉普拉斯假说和布丰碰撞假说的混合体，并不能令人满意。谚语有云，"两害相权取其轻"，人们一度只能接受碰撞假说是正确的。

直到 1943 年秋天，年轻的德国物理学家 C. 魏茨泽克（C. Weizsacker）才解开了行星理论的这个症结，最近的天体物理学研究表明，所有反对康德—拉普拉斯假说的意见都可以一一被化解，而且沿着这些思路，人们已经可以建立一个详细的行星起源理论，这些理论能够解释行星系的许多重要特征。

魏茨泽克的工作要得益于过去几十年间天体物理学家对宇宙物质化学构成的研究。以前人们普遍认为，太阳和其他所有的恒星是由相同比例的化学元素组成的，所有天体的化学组成都与地球相差无几，地球化学分析告诉我们，地球主要是由氧、硅、铁和少量其他较重的元素组成，氢气和氦气等轻质气体以及氖、氙等其他所谓的稀有气体在地球上则十分稀少。[1]

由于没有任何更好的证据，天文学家一度认为这些气体在太阳和其他恒星内部也非常罕见。然而，丹麦天体物理学家 B. 斯特龙根（B.Stromgren）对恒星结构更详细的理论研究表明，这种假设是非常不正确的，事实上，太阳中至少有 35% 的成分是纯氢，甚至可能达到 50% 以上，而且他还发现太阳成分中有相当大比例的纯氦；通过对太阳内部的理论研究，以及对其表面更详尽的光谱分析，天体物理学家最终得出一个惊人的结论，形成地球主体的普通化学元素只占太阳质量的 1%，其余的质量几乎被氢和氦平均分配，前者略占优势。显然，其他的恒星应该也是类似的构造。

此外，星际空间并不完全是真空的，而是由气体和细小尘埃混合物填充，其平均密度约为 1 毫克 100 万立方英里，而这种扩散的、高度稀薄的物质显然具有与太阳和其他恒星相同的化学组成。

尽管它的密度低得令人难以置信，但这种星际物质的存在并不难证明，因为它对来自遥远恒星的光产生了明显的选择性吸

---

[1] 氢在地球上主要是与氧结合在一起形成水，尽管水覆盖了地球表面的 3/4，但与整个地球的质量相比，水的总质量非常小，氢更是如此。

收。根据这些"星际吸收谱线"的强度和位置，人们能够很好地
估算出这种弥散物质的密度和成分，计算结果显示它几乎完全由
氢和可能的少量氦组成。而各种类"地球成分"材料的小微粒
（直径约 0.001 毫米）形成的尘埃则不超过其总质量的 1%。

回到魏茨泽克理论的基本思想，可以说，宇宙物质化学构成
的新认知对康德—拉普拉斯假说提供了直接的支持。事实上，如
果太阳的原始气体最初是由这种材料形成的，那么其中只有一小
部分较重的"地球元素"可以用来建造地球和其他行星，其余无
法凝聚的氢和氦必然以某种方式分散出去，要么坠向太阳，要么
散逸到周围的恒星际空间中。前一种可能性会导致太阳转得过
快，所以最可能的一定是后一种情况，即气态的"多余物质"在
行星形成后不久就散逸到了太空中。

于是乎，我们描绘出了下面这幅行星系形成的图景：当太
阳最初由星际物质凝聚形成时，仍有总量约为目前行星质量总和
100 倍的物质留在外面形成一个旋转的巨型封套。这个快速旋转
的巨型封套由未凝结的气体（氢、氦和少量的其他气体）和各种
地球成分物质的尘埃微粒（如氧化铁、硅化合物、水滴和冰晶）
组成，后者漂浮在气体中并被带着旋转。尘埃微粒之间持续碰
撞、逐渐聚集，最终越来越大，形成了最初的行星。图 118 显示
了尘埃微粒以堪比陨石坠落的速度相互碰撞的结果，我们相信这
样的碰撞必然发生过。

理论上讲，在这样的速度下，两个质量大体相当的微粒相互
碰撞将会导致它们粉身碎骨（见图 118a），这个过程不会导致更

大的物质块增长。另一方面，当一个小微粒与一个大得多的物质相撞时（见图118b），它将会把自己埋在大微粒的身体里，从而形成一个新的、更大的物质。

很明显，这两个过程将导致较小的微粒逐渐消失，同时又不断聚集成较大的体块，而在后期因为较大的物质块将有更大的引力，这个过程甚至还将加速进行！大块物质将持续吸引周围的微粒，将其嵌入自己的身体里，正如图118c所示。

魏茨泽克证明，最初散布在行星系区域的细小尘埃，一定是在大约一亿年的时间内聚集成几个大块，并最终形成行星。

行星在围绕太阳的过程中，吸入各种大小宇宙物质碎片而不断成长，新材料对其表面的不断撞击使其持续保持灼热状态。然而，一旦恒星尘埃、卵石和较大的岩石供应被耗尽，增长过程就会停止，行星能量辐射向周围无限的星际空间，之后迅速冷却形成天体的新外壳，这就是硬质地壳的形成，而且随着内部的缓慢

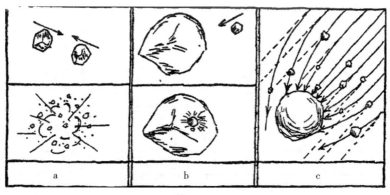

图118

继续冷却，地壳也变得越来越厚。

任何行星起源理论都必须解决另一个重要的问题，那就是提丢斯－波得（Titus-Bode）定则，提丢斯－波得定则指出行星轨道大小必须满足一定的经验公式。表 11-1 中列出了太阳系九大行星及小行星带与太阳的距离，小行星带显然是个特例，也是那些没能成功聚集成团的独立碎片最终的结局。

表格最后一栏中的数字引起了人们的极大兴趣，尽管有一些变化，但很明显，这些数字都与 2 相差不大，人们也借此总结出一个近似的规律：每颗行星的轨道半径大约是其前一行星轨道半径的两倍。

表 11-1　行星与太阳的距离

行星名称	与太阳的距离 （以地日距离为单位）	每个行星到太阳距离与前一行星到太阳距离的比值
水星	0.387	—
金星	0.723	1.86
地球	1.000	1.38
火星	1.524	1.52
小行星带	约 2.7	1.77
木星	5.203	1.92
土星	9.539	1.83
天王星	19.191	2.001
海王星	30.07	1.56
冥王星	39.52	1.31

值得注意的是，类似的规律也适用于各个行星的卫星，表
11–2 给出土星九颗卫星的相对距离。

就像行星本身的情况一样，卫星的距离之比也有几个例外
（特别是土卫九），但我们仍可相信，这种规律一定存在。

表 11–2　土星与其卫星的距离

卫星名称	与土星之间的距离 （以土星半径为单位）	相邻两颗卫星距离之比 （大数比小数）
土卫一	3.11	—
土卫二	3.99	1.28
土卫三	4.94	1.24
土卫四	6.33	1.28
土卫五	8.84	1.39
土卫六	20.48	2.31
土卫七	24.82	1.21
土卫八	59.68	2.40
土卫九	216.8	3.63

那么这些围绕太阳的尘埃为什么没有聚成一个大行星，为什
么会错落有致地在不同距离形成几个大块头的行星？

要回答这个问题，我们必须对原始尘埃云中发生的运动进行
更详细的了解。首先，每一个物质体——不管它是一个微小的尘
埃微粒、一个小陨石，还是一个大行星——都在万有引力作用下
都围绕着太阳运动，都必然遵循以太阳为焦点的椭圆轨道。如果

形成行星的物质以前是独立的微粒，例如直径为0.0001厘米，[①]那么一定有大约 10^{45} 个粒子沿着各种大小、扁度不同的椭圆轨道运动。很明显，微粒之间必然频繁碰撞，这样的碰撞又会导致整个微粒群按照某种规律组织起来。事实上，这种碰撞要么是为了打击"交通违规者"，要么是为了迫使别的微粒"绕道"进入不太拥挤的"车道"。那么控制这种"有组织"或至少部分有组织的"交通行为"的规律又是什么呢？

关于这个问题，我们先选择一组微粒，并假设这些微粒以相同周期绕太阳旋转，其中一些微粒沿着相同半径的圆形轨道运动，而其他微粒则沿着偏心率不同的椭圆轨道运动（见图119a），现在让我们试着基于一个围绕太阳中心旋转的坐标系（X，Y）来

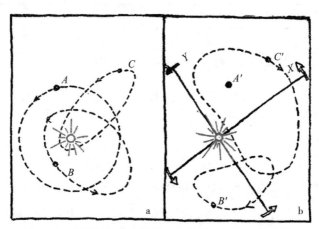

图 119　分别以静止坐标系 a 和旋转坐标系 b 为参照，
观察圆周运动和椭圆运动

_____

① 形成星际物质的尘埃微粒大致尺寸就是 0.00001 厘米。

描述这些不同的微粒运动。

　　显然，在这样一个旋转坐标系中，沿圆形轨道运动的微粒 A 永远静止于 A'；而沿着椭圆轨道绕太阳运动的微粒 B 则离太阳忽近忽远，靠近太阳的时候角速度较大，远离太阳时角速度较小，所以它有时候会跑到匀速旋转的坐标系 (X, Y) 前面，有时候又会落到后面。不难看出，从这个坐标系的视角看，微粒 B 将在一个封闭的蚕豆形轨道内运转，在图 119 中标记为 B'；还有一个微粒 C，它沿着一条更细长的椭圆运动，在系统 (X, Y) 中会被看作一个有点大的蚕豆形轨道 C'。

　　如果想要整个微粒群永远不会相互碰撞，就必须让这些微粒的蚕豆形轨道互不相交。

　　如果你还记得我们的假设，这些微粒以相同的周期围绕太阳旋转，必然也与太阳保持相同的平均距离，在坐标系 (X, Y) 中，它们的轨道互不相交，活脱脱就是一条围绕太阳的"蚕豆项链"。

　　这几段听起来可能有点难，简单来说，我们其实是用数学的方法描述了一种规则——一种让距太阳距离相同、旋转周期也相同的微粒群互不碰撞的运动规则。而在原始太阳周围，那些尘埃距太阳距离不同、旋转周期各异，实际情况肯定更加复杂。围绕太阳旋转显然不是只有一条"蚕豆项链"，而是大量的速度不同的"项链"。通过仔细分析，魏茨泽克发现，为了使这样的系统稳定下来，每条独立的"项链"都必须包含五个独立的旋涡结构，因此整个运动图看起来就好像图 120 一样。这样，在每条

"项链"自身的交通系统中，微粒们相对"安全"，但是各串"项链"旋转周期实际上并不相同，一旦接触就必然发生"交通事故"。频繁发生的碰撞中，"项链"环中的微粒日渐稀薄，边界处的微粒则逐渐聚集成大块物质，而且越来越大，最终形成行星。

这一过程也解释了为什么行星轨道半径会遵循特定的比例规律。如图 120 所示，相邻环之间连续边界线的半径形成了一个简单的几何级数，每一条边界的半径都是前一条的两倍大，这些边界基本就是行星形成后的公转轨道。从这个角度看，我们也不难理解为什么提丢斯－波得定则只是个并不严格的经验规则，因为原始尘埃云中微粒的运动运动显然要复杂得多得多，上文表述的只是这种不规则运动的趋势性结果。

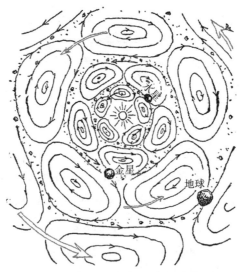

图 120 原始太阳周围的尘埃交通路线图

　　同样的规律也适用于不同行星的卫星轨道半径，事实上，卫星的形成过程与行星基本相同。各大行星形成之后，行星运行区域中仍然存在大量的尘埃颗粒，这些微粒群又会重复上文所述的过程，最终的结果就是，大部分物质集中在中心形成行星的主体，其余的则围绕着它逐渐凝聚成一群卫星。

　　说完尘埃微粒的相互碰撞和聚集增长，还有一个问题需要回答，那些原始太阳封套内的气体呢？那多达99%的质量又到哪里去了？答案其实很简单。

　　原始太阳系封套内的大部分氢和氦必然已经离开了太阳系，简单的计算表明，完成这个过程大约需要1亿年，正好也是行星形成的周期。因此，到了行星最终形成的时候，大部分氢和氦一定已经逃离了太阳系，剩下的只是它们曾经存在的小痕迹，也就是我们前面提到过的黄道光。

　　魏茨泽克的理论表明，行星系的形成并不是偶然的，而是几乎所有恒星周围都会发生的必然现象。这一结论与碰撞理论形成鲜明的对比，据碰撞理论计算，能够产生行星系的恒星碰撞是极其罕见的——银河系有着400亿颗恒星，这些恒星存在了几十亿年，而其中这样的碰撞可能只发生过少数几次。

　　现在看来，每颗恒星都拥有自己的行星系，银河系中就一定有着数以百万计的行星。这些行星物理条件与地球几乎完全相同，那么在这么多"可居住"的世界中，为什么没有生命？至少至今为止人们还没有发现高级形态的生命，真是怪哉！

　　我们在第九章中曾经讲过，最简单的生命形式就是不同种类的病毒，它们实际上只是相当复杂的分子，主要由碳、氢、氧和氮原子组成。这些元素地球上有，其他任何新形成的行星上也应有尽有。因此我们有理由相信，一旦硬质地壳形成，水蒸气沉降形成液态水，原子按必要的顺序偶然地组合在一起，就一定会出现一些类似的分子。当然，生物分子很复杂，所以"偶然"形成的概率也极小，这就好比寄希望于通过简单地摇晃盒子让独立碎片自动拼图。但另一方面我们也不能忽略，不断的相互碰撞实在太多太多了，时间也足够长。事实上，生命在地球上的出现并不算晚，地壳形成后不久就有了最早的生命，这一事实表明，尽管看起来不可能，但几亿年足够意外形成一个复杂的有机分子。而最简单的生命一旦出现，繁殖和进化会自然而然地带来更多和更复杂的生命体。当然，在那些"可居住"的行星上，生命进化是否与地球相同？我们不得而知。如果有一天，我们有机会研究其他行星上的生命进化，那将从本质上促进我们对进化过程的理解。

在不远的将来，我们也许就能坐上"核动力太空飞船"，不妨前往火星和金星来一次探险，去看看那里"可能存在的生命"究竟是什么样子的。但拓展到数百光年和数千光年外的世界，那里是否有生命？它们又是什么样子？或许甚至科学也永远无法告诉我们准确的答案。

2. 恒星的"私生活"

恒星孕育了自己的行星家族，对此我们已经或多或少有了基本的了解，那么恒星呢？

　　一颗恒星的生命史又是什么样的？它是怎么诞生的？在漫长的生命中，它又经历了哪些变化？它的最终结局又会是什么？

　　要研究恒星，可以先看一下太阳，它是构成银河系的数十亿颗恒星中相当典型的一颗。我们知道，太阳是一颗相当古老的恒星，古生物学数据研究表明，太阳已经以同样的光亮照耀了几十亿年，地球上所有生命都依赖太阳的光芒。任何普通能源都无法在如此漫长的时间内提供如此多的能量，因而太阳辐射问题一度是科学领域中最令人困惑的谜题之一，直到元素放射性嬗变和人工嬗变的发现，科学家们才向我们揭示了隐藏在原子核深处的巨大能量来源。第七章中我们已经看到过，每一种化学元素都蕴含着巨大的能量，将这些材料加热到数百万度，我们就有可能释放并利用这些能量。

　　虽然这样的高温在地球实验室中几乎无法实现，但在恒星世界中却相当普遍。例如，太阳的表面温度有 6000℃，而且越往里温度越高，中心可达到 2000 万度，这个数字可以通过观察到的太阳表面温度和气体的导热性能进行计算。这就好比知道热土豆表面的温度及其热传导系数，我们就可以在不切开土豆的情况下计算出它内部的温度。

　　结合这些信息，人们推断太阳的能量源于内部的核反应，这个重要的核反应过程被称为"碳循环"，由核物理学家贝特（H.Bethe）和魏茨泽克同时发现。

　　为太阳提供能源的热核反应过程，并不局限于单一的嬗变反应，而是一整串相互关联的嬗变反应，它们共同形成一个封闭的循环链，这个反应序列最有趣的特点之一正是这个封闭的循环链，每经过六个步骤之后反应就会回到起点。如图 121 所示，我们看到这个序列的主要参与者是碳、氮原子核以及与它们碰撞的热质子。

第 1 步，从普通碳（C^{12}）开始，与质子碰撞形成较轻的氮同位素（N^{13}），并以 γ 射线的形式释放出一部分核能，这个特殊的反应对核物理学家来说并不陌生，人工加速的高能质子在实验室条件下也重现了同样的过程。第 2 步，N^{13} 的原子核并不稳定，它会发射 β 粒子成为较重碳同位素（C^{13}）。第 3 步，C^{13} 被另一个热质子击中后，转化为普通的氮（N^{14}），同地释放出强烈 γ 射线。第 4 步，N^{14} 原子核与第三个热质子碰撞，产生一个不稳定的氧同位素（O^{15}）。第 5 步，O^{15} 发射出一个正电子迅速转变成了稳定的 N^{15}。第 6 步，N^{15} 接收第四个质子，分裂成两个大小不相等的部分，其中一个是开始时的 C^{12} 核，另一个是氦核，也就是 α 粒子。

在循环反应链中，碳和氮的原子核永远在反复再生，正如化学家们所说，二者实际上只是催化剂而已。反应链的最终结果是由先后进入循环的四个质子形成一个氦原子核；因此，整个过程实际上是"在高温的诱导以及碳和氮的催化作用下，氢转化为了氦"。

贝特发现，反应链在 2000 万度的温度下所释放的能量正好等于太阳辐射的实际能量。其他任何反应都无法更完美地匹配天体观测结果，所以人们一致认为太阳能量主要就来自碳–氮循环反应。应该指出的是，在太阳内部温度下，图 121 所示的完整反应链需要大约 500 万年，每经历这个时间，最初进入反应的碳

（或氮）原子核都将原封不动地重新出现。

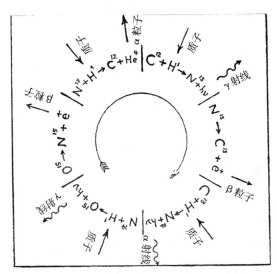

图 121 为太阳提供能量的循环核反应链

曾经就有人认为，太阳也是烧煤的，其实鉴于碳在太阳热核反应中的关键作用，这种说法貌似也不无道理。只不过，"煤炭"并不是真正的燃料，倒是更像周期性浴火重生的凤凰。

还有一点需要注意，虽然太阳的热核反应速率主要取决于中心区域的温度和密度，但这并不是唯二的影响因素，氢、碳和氮的含量同样关键。也就是说，调整参加反应的物质浓度，光照强度也会发生改变，反过来，有了准确的太阳亮度，也能反推出太阳气体的构成，M. 史瓦西利（M. Schwarzschild）所用的正是这一方法，通过计算，他发现太阳中纯氢含量超过一半，纯氦的占比则少于一半，只有很少一部分是其他元素。

这种能量自然也可以推广到其他大多数恒星——不同质量的恒星有不同的中心温度，由此产生的热核反应速率各不相同。例如，波江座 O_2-C[1] 的质量大约是太阳的 1/5，亮度也只有太阳的 1/100；再比如，著名的大犬座 α 天狼星的质量大约是太阳的 2.5 倍，亮度是太阳的 40 倍；还有天鹅座 Y380 这样的巨型恒星，它的质量大约是太阳的 40 倍，亮度则是太阳的几万倍。在这些例子中，随着恒星质量的增大，更高中心温度带来了更快的"碳循环"反应速率，亮度也以几何级数迅速增长，这类恒星被称为"主序星"。沿着"主序星"序列，人们发现越重的恒星半径越大，如图 122 所示，波江座 O_2-C 的半径只有太阳的 0.43 倍，而天鹅座 Y380 的半径则是太阳的 29 倍；但恒星的平均密度却随着质量的增大而减小，同样的例子中，波江座 O_2-C 的密度是 2.5，太阳密度为 1.4，而天鹅座 Y380 的密度只有

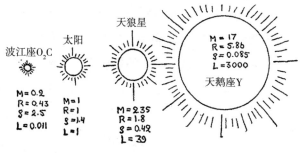

图 122　主序恒星

---

① 即波江座 40，A、B、C 三星共同构成距离地球约 16 光年的三合星系统，按我国星官应为九州殊口增七；A 是主星，B、C 是伴星，当然，目前人们普遍认为 C 星也是一颗白矮星。——译者注

0.002。

　　"正常"的恒星半径、密度和亮度都是由它们的质量所决定，然而除此之外，天文学家在天空中还发现了一些完全不符合这一简单规律的恒星。

　　首先是所谓的"红巨星"和"超巨星"，如果与同等亮度的"正常"恒星相比，它们的质量与"主序星"相差无几，尺寸却比后者要大得多。图123给出了几个著名的例子，如御夫座 α、飞马座 β、金牛座 α、猎户座 α、武仙座 α 和御夫座 ε[1]。

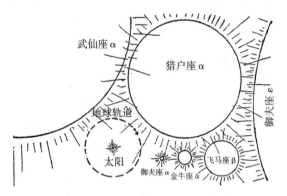

图 123　巨星和超巨星与地球轨道的大小对比

　　显然，这些恒星无法解释的内部力量膨胀到几乎难以置信的程度，导致它们的平均密度远远低于正常恒星。

　　与这些"膨胀起来"的恒星相比，还有另一类恒星，它们的直

---

① 分别对应五车二、室宿二、毕宿五、参宿四、帝座、柱一。——译者注

径非常小，人们称为"白矮星"。[①] 如图 124 所示天狼星的伴星就是一颗"白矮星"，质量和太阳差不多，但直径只有地球的 3 倍，平均密度是水密度的 50 万倍！毫无疑问，白矮星代表了恒星演化的末期阶段，到了这个时期，恒星已经消耗了所有可用的氢燃料。

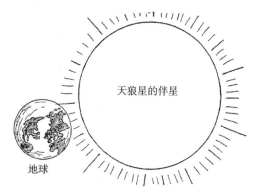

天狼星的伴星

地球

图 124　白矮星与地球的对比

恒星的生命源于缓慢的氢氦嬗变反应，而每一颗年轻的恒星都是由扩散的星际物质凝聚而成，氢的含量超过其整个质量的 50%，所以不难预计，恒星的寿命都很长。举例来说，通过观测太阳的亮度，人们计算出它每秒钟大约消耗 6.6 亿吨氢，太阳的总质量为 2×10^{27} 吨，假设其中有一半是氢，那么太阳寿命将是 15×10^{18} 秒，也就是 500 亿年。要知道，太阳现在才三四十亿岁[②]，

---

① "红巨星"和"白矮星"这两个词源于它们的亮度与表面关系。对于前者来说，体积非常巨大，相对稀薄的恒星拥有非常大的表面来辐射其内部产生的能量，表面温度也相对较低，看起来颜色是红色的，所以叫"红巨星"；而对于后者来说，体积比较矮小，表面非常炽热，颜色呈白色，因此被形象地命名为"白矮星"。——译者注
② 因为根据魏茨泽克的理论，太阳一定是在行星系形成前不久形成的，地球的年龄差不多也是这个数量级的。

可以说正直年少，还能照耀我们几百亿年呢！

但其他恒星可不一定有这么高寿，那些质量更大、亮度更强的恒星消耗氢的速度也更快。例如，天狼星的质量是太阳的 2.3 倍，最初的氢燃料大概也是太阳的 2.3 倍，但它的亮度却是太阳的 39 倍，消耗氢燃料的速度差不多也是太阳的 39 倍，不出意外的话，30 亿年内天狼星就要寿终正寝了！而那些更明亮的恒星，比如天鹅座 Y380，质量是太阳的 17 倍，亮度是太阳的 3 万倍，它的氢燃料只能支撑不超过 1 亿年的时间！

那么当一颗恒星的氢供应最终耗尽时，又会发生什么呢？在恒星漫长的生命中，支持它的核能消失了，恒星的本体必然开始收缩，密度会越来越大。

天文观测显示，宇宙中存在大量这样的"萎缩恒星"，它们的平均密度比水的密度大几十万倍。这些恒星仍然灼热，由于它们的表面温度很高，所以闪耀着耀眼的白光，与主序的普通黄色或红色恒星形成鲜明的对比。然而，由于这些恒星的体积非常小，它们的总亮度并不高，大约只有太阳的几千分之一。天文学家称这些恒星为"白矮星"，这一术语说的既是它的大小，也是它的光度。随着时间的推移，白矮星逐渐失去光彩，它们最终将变成"黑矮星"，那是普通天文观测所无法触及的大块冷物质。

耗尽所有的氢燃料之后，行将就木的恒星逐渐收缩和冷却，不过这一过程并不太平，在即将走完生命的"最后一英里"时，它们也经常会"垂死病中惊坐起"，用令人意想不到的突变反抗命运的审判。

这些突变被称为新星和超新星爆发，是恒星研究中最令人兴奋的话题之一。这种恒星平常看起来很正常，与天空中任何其他恒星并没有什么不同，但在几天之内，它的亮度会增加几十万倍，表面也会变得异常灼热。光谱变化研究表明，恒星会迅速膨胀，最外层的膨胀速度将达到每秒 2000 千米左右。然而，这种亮度的增加只是暂时的，越过峰值后，恒星就会慢慢稳定下来，大约一年以后，恒星亮度恢复到原来的数值。虽然亮度恢复如初，但其他特性却再也回不去了，参与爆炸快速膨胀的一部分恒星大气会继续向外运动，恒星会被一个直径逐渐增大的发光气体外壳所包围。不过，关于进一步的变化，我们还无法判断。事实上，目前人们只有一份恒星爆炸前的光谱，也就是 1918 年的御夫座新星光谱，而且这唯一的资料也并不完整，它的表面温度、它爆炸前的半径等都并不十分确定。

还有一类是所谓的"超新星爆发"，与每年 40 次左右的新星爆发不同，"超新星爆发"几个世纪才在银河系中发生一次，亮度也比普通新星的亮度要高出几千倍。1572 年，第谷·布拉赫（Tycho Brahe）曾经在明亮的白昼中看到过仙后座超新星爆发 [①]，1054 年，中国天文学家记录了金牛座超新星爆发，甚至《圣经·新约·马

[①]　两个超新星爆发作者原文只说了时间，这里根据历史考据增加了星座等信息，方便读者深入研究。关于金牛座超新星爆发，宋史多有记录，如：《续资治通鉴长编》卷一七六："至和元年五月己酉，客星晨出天关之东南可数寸……嘉祐元年三月乃没。"《宋史·天文志》："至和元年五月己丑，出天关东南，可数寸，岁余稍没。"《宋史·仁宗本纪》"嘉祐元年三月辛未，司天监言，自至和元年五月，客星晨出东方，守天关。至是没"。——译者注

太福音》中的伯利恒之星（Star of Bethlehem）说不定也是一次超新星爆发。

有记载的第一颗河外星系的超新星爆发发生在 1885 年，它当时的亮度比仙女座其他新星都要亮出一千多倍。尽管超新星爆发比较罕见，但得益于巴德和兹威基（Zwicky）的观察与研究，人们先是意识到了新星爆发和超新星爆发之间的巨大差异，然后又延伸到其他遥远的星系，可以说，目前人们对超新星已经有了相对系统的了解。

尽管在亮度上，超新星爆发和普通新星有着巨大差异，但二者也有许多相似之处。例如，除了比例不同，恒星亮度的快速上升和随后的缓慢下降曲线形状非常相似；不仅如此，超新星爆发也会产生快速膨胀的气体外壳，只不过这个外壳中所包含的质量要大得多得多。新星急速膨胀产生的气壳会越来越薄，并最终消散在周围的空间中；超新星气壳释放的气体则会在爆炸的地方形成亮度很强的发光星云。人们普遍认为，照片 Ⅷ 中的金牛座"蟹状星云"正是源于 1054 年的超新星爆发。

在这颗特殊的超新星中，科学家们还找了恒星的残骸。事实上，就在蟹状星云的中心，目前还能观测到一颗暗弱的恒星，据判断，这应该是一颗密度极高的白矮星。

这一切都表明，超新星爆发的物理过程与普通新星的物理过程高度类似，只不过前者的规模大于后者而已。

在承认新星和超新星的"坍缩理论"前，还需要回答一个问题，恒星体为什么会突然急速收缩？目前人们普遍相信的解释是，恒星实际上是由灼热气体组成的大质量天体，它之所以能维持自身的形状，全靠内部灼热物质形成的高压，只要前面所述的"碳循环"过程还在继续，恒星原子核产生的核能就会不断补充表面向外辐射的能量，维持恒星原来的状态保持不变。

然而，一旦氢燃料完全耗尽，再无更多的亚原子能量可用，恒星就必然会收缩，只不过源于引力的收缩过程将非常缓慢。这一点不难理解，恒星物质的热传导率极低，从内部到表面的热量传输非常缓慢，简单的估算结果显示，太阳大约需要超过1000万年才能收缩到目前半径的一半。你肯定会说，为什么不能更快一点呢？那将立即导致额外的引力势能释放，从而增加内部的温度和气体压力，进而减缓收缩速度。

由此不难看去，加速恒星收缩的唯一方法就是新星和超新星那样的"快速坍缩"。加速机制是快速带走收缩中释放的能量，例如，如果恒星物质的热传导率可以提升几十亿倍，那么它的收缩就会以同样的比例加速，收缩的恒星会在几天内坍缩。然而这是不可能的，目前的理论表明，恒星物质的热传导率与其密度和温度成反比，而想要将这两个数值减小数百甚至是几十倍，无异于痴人说梦。

最近，我和同事修罕伯格博士（Dr. Schenberg）提出了另外一种设想，恒星坍缩的真正原因可能是由于其中产生了大量的中微子，本书第七章中我们曾经仔细讨论过这种微观粒子。从对中微子的描述中可以看出，它可能恰恰是清除收缩中恒星内部剩余能量的合适介质，整个恒星对中微子来说就像玻璃对普通光线一样透明，不过这个过程是否真的产生了中微子，收缩的恒星内部是否真的产生了足够多的中微子？这些还有待观察。

如图 125 所示，各种元素的原子核对高速电子的捕获必然伴随着中微子的释放。当一个高速电子进入原子核内部时，一个高能中微子会立即被释放出来，电子则被保留下来，原来的原子核嬗变为一个相同原子量的不稳定原子核，虽然元素和原子量没变，但由于新的原子核很不稳定，它只能存在很短暂的时间，然后迅速衰变，同时释放出一个电子和一个中微子。然后这个过程[1]又从头开始，继续产生新的中微子。

如果温度和密度足够高，就像在收缩恒星的内部那样，通过中微子带走的能量将非常可观。例如，铁原子核捕获和释放电子的过程中，中微子带走的能量，高达每克每秒 10^{11} 尔格。如果把铁换成氧，它的产物是放射性氮，衰变周期为 9 秒，恒星的能量

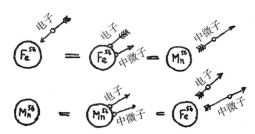

图 125　铁原子核内部的尤卡过程（Urca process）
导致无限多的中微子形成

---

[1]　这个过程被称为尤卡过程，是中子星和白矮星透过产生及释出中微子而被假定参与冷却的过程。在俄罗斯南部，尤卡一词的意思是匪徒抢劫。——译者注

损失甚至高达每克每秒 10^{17} 尔格。在后一种情况下，恒星 25 分钟内就会完全坍缩。

由此可见，中微子"偷窃"能量理论的确能够解释恒星坍缩的原因。

不过也只是理论上可以，尽管通过中微子发射的能量损失率不难估计，但对坍缩过程本身的研究却还有许多数学上的困难，因此目前只能对这些事件做出定性的解释。

可以想象的是，由于恒星内部气体压力不断降低，占比巨大的恒星外层质量在重力驱动下开始向中心坍缩。然而，每颗恒星均以不同速度高速旋转，因此坍缩过程必然是不对称的，位于旋转轴附近的极地质量会率先下降，赤道区域的物质则会被挤到外面（见图 126）。

这样一来，原本隐藏在恒星内部深处的物质就跑了出来，还带着几十亿的高温，这个温度也正是恒星亮度突然增加的原因。

图 126　超新星爆发的早期阶段和末期阶段

在这之后，向内坍缩的物质在中心凝聚，形成致密的白矮星，被排出的物质则逐渐冷却并继续膨胀，形成"蟹状星云"那样的星云状物质。

3. 原始混沌和膨胀的宇宙

回到整个宇宙，宇宙是否会随着时间而演变呢？是盘古开天辟地以来更古未变？还是一直在不断变化，历经不同阶段持续进化？

答案相当确定，各个科学分支的研究结果都表明，宇宙是不断变化的——过去、现在和未来的宇宙状态各不相同。各种大量的科学事实进一步证明，宇宙有一个特定的开端，一切都是从那个开端逐步发展变化至今。大家已经知道，我们的行星系大约有几十亿岁，各方面对这个数字的估算结果都差不多。月球则显然是被太阳的强大引力从地球上撕下来的碎片，这个过程大约也发生在几十亿年前。

独立恒星的研究表明，天空中的大多数恒星历史也是几十亿年。更大一些，双星系统、三合星系统甚至星系团等更复杂恒星群的研究都表明，所有恒星存在的时间都不可能超过几十亿年。

无独有偶，各种化学元素的相对丰度研究也很好地支撑了这一结论，特别是钍和铀等逐渐衰变的放射性元素。我们都知道，钍和铀等都在不断衰变，但这些元素在宇宙中仍然存在，那么有理由相信，要么有其他更轻的原子核至今仍在不断组合形成这些重元素，要么它们就是大自然中仍未衰变的遗存物。

而根据我们目前对核嬗变过程的了解，即最灼热的恒星内部温度也不足以"烹饪"重核，所以第一种可能性根本就不成立。事实上，恒星内部温度的确可能达到几千万度，但那只能聚变产生轻核，而重核的诞生则需要几十亿度的高温。

所以，那些重核元素一定只产生于宇宙演化的某个特定时代，而且也只有在那个特定时代，宇宙中的所有物质都经受了一些可怕的高温和高压。

我们甚至可以估计宇宙"炼狱"阶段的大致日期。钍和铀238的半衰期分别为180亿年和45亿年，它们自从形成以来还没有发生实质性的衰变，目前的含量与其他一些稳定的重元素差不多。而铀235的半衰期只有约5亿年，其数量只有铀238的1/140。目前铀238和钍的大量存在表明，这些元素的形成不可能超过几十亿年，而铀235每5亿年减少一半，那么需要经历7个这样的时期，也就是35亿年才能将其减少为原来数量的1/128，原因很简单，$\left(\dfrac{1}{2}\right)^7=\dfrac{1}{128}$。

不论是基于化学元素衰变的纯粹核物理学估计，还是基于行星、恒星以及恒星群的纯粹天文学估计，都给出了一样的年龄推算结果。

但是，在几十亿年前万物形成的早期阶段，宇宙又是什么状态？在此期间发生了哪些变化，才使得宇宙最终演变成现在的状态？

这些问题可能都需要"宇宙膨胀"现象来解答。上一章中我们讲到，广袤的宇宙空间有着大量的星系、星系群甚至巨大的星系团，而我们的太阳只是其中一个被称为银河系的星系中数百亿颗恒星中的一颗，通过 200 英寸的望远镜，你会看到，这些星系或多或少均匀地分布在目视空间范围内。

在研究来自这些遥远星系的光谱时，E. 哈勃注意到，这些光谱略微向光谱的红端移动，距离越远，这种所谓的"红移"现象也更为明显，人们甚至进一步发现，不同星系"红移"程度甚至与它们到我们的距离成正比。

唯一的解释就是所有的星系都在离我们远去，远离的速度随着距离增加而增加，这个解释基于所谓的"多普勒效应"。根据"多普勒效应"，如果我们接近光源，光谱会向紫色端移动，而如果我们远离光源，光谱则会向红色端移动。当然，要想感受到明显的变化，相对速度必须相当大。如果 R.W. 伍德（R.W.Wood）教授因在巴尔的摩闯红灯而被捕，他却向法官辩称是"多普勒效应"让他把红灯看成了绿灯，这当然是狡辩。如果法官熟知物理学，他就会让伍德教授计算一下当时行驶速度，而后者可能还得缴一笔超速罚款！

回到星系的"红移"上，我们得出了一个乍看之下相当尴尬的结论。看起来好像宇宙中所有的星系都在逃离银河系，它就如同一个弗兰肯斯坦（Frankenstein）的星系怪物！那么我们的银河系究竟有什么可怕的呢？为什么大家都对它敬而远之？稍微思考一下，你就会发现，我们的银河系并没有什么特别。事实上，其他星系并不仅仅是在远离银河系，而是所有星系都在彼此渐行渐远。

这就好比一个气球，表面上画有许多圆点（见图 127），如果你开始给它充气，逐渐拉大它的表面积，各个圆点之间的距离就会不断增大，任何圆点都会觉得其他圆点在不断远离自己。不仅如此，不同点的后退速度也将直接与它们距观测点的距离成正比。

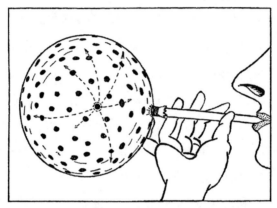

图 127 气球膨胀时，球面上的小点相互远离

这个例子清楚地表明，哈勃观察到的星系退行与银河系的属性或位置无关，宇宙就是那个气球，我们的银河系不过是散布在气球上的一个圆点，一切只是"宇宙气球"的均匀膨胀而已。

根据观察到的膨胀速度和目前相邻星系之间的距离，不难计算出这种膨胀早在 50 多亿年前就已经开始。[①]

---

① 根据哈勃的原始数据，两个相邻星系之间的平均距离约为 170 万光年（或 1.6×10^{19} 千米），而它们相互退行速度约为每秒 300 千米。假设宇宙均匀膨胀，那么膨胀时间为 $\frac{1.6 \times 10^{19}}{300}$ =5×10^{16}=5×10^{16} 秒 =1.8×10^9 年，然而，根据最新数据计算出的数值要比这个数字更大一些。

　　在那之前，我们现在称之为星系的东西还是独立的星云，它们正在形成贯穿整个宇宙均匀分布的恒星；而在更早的时候，恒星本身被挤压在一起，宇宙中充满连续分布的灼热气体；再往前追溯，我们会发现这些气体的密度更大、温度更高，不同的化学元素尤其是那些重核的放射性元素就诞生于这个阶段；再往前走一步，我们会发现宇宙中所有的物质被挤压在一起，宇宙完全就是密度超大的过热核流体。

　　现在可以把这一切串联起来，或许能够勾勒出一篇宇宙演化的大事记。

　　故事从宇宙的胚胎阶段开始，威尔逊山望远镜能看到当时的所有物质，它们被挤压在一个半径为 5 亿光年的球里，这个大小差不多等 8 个太阳半径①。

　　这种密度超大的状态并没有持续很久，最初的两秒钟内，宇宙密度高达水密度的几百万倍，然而在快速的膨胀作用下，仅仅过了几个小时，宇宙平均密度就和水差不多了。与此同时，曾经连续的气体分离成独立的气团，构成现在的独立恒星，这些恒星又被膨胀扯成独立的星云，也就是我们现在所说的星系，直至今日，星系们仍在彼此退行进入未知的宇宙深处。

　　那么，是什么力量导致了宇宙的膨胀，这种膨胀是否会停

_____

① 由于核流体的密度是 10^{14} 克 / 立方厘米，而目前空间中物质平均密度是 10^{-30} 克 / 立方厘米，线性收缩因子是 $\sqrt[3]{\dfrac{10^{14}}{10^{-30}}} \approx 5 \times 10^{14}$，因此，现在的 5×10^3 光年约等于当时 $\dfrac{5 \times 10^3}{5 \times 10^{14}} = 10^{-6}$ 光年 =1000 万千米。

止？是否某一天，宇宙甚至可能开始收缩，那些曾经膨胀出去的物质是否会反过来挤压我们的本星系群、银河系、太阳、地球和地球上的人类？我们是否会重新变成高密度的糨糊？

好在根据现有观察得出的结论，这永远不会发生。很久以前，还在宇宙演化的早期阶段，不断膨胀的宇宙就已经打破了可能将其维系在一起的一切"束缚"，目前不过是顺从简单的惯性法则向无限远处扩展而已。刚刚提到的"束缚"就是引力，引力总是倾向于将宇宙中的所有物质凝聚在一起，不让它们分开。

为了便于理解，这里举个简单的例子，假设我们试图将火箭从地球表面射入太空。我们知道，包括著名的 V2 在内，火箭都没有足够的推进力进入到自由空间，它们在上升过程中总是被重力拉回地球。然而，如果我们能为火箭提供足够的动力使其离开地球，只要初始速度超过每秒 11 千米，它就能摆脱地球引力进入到自由空间，每秒 11 千米的速度通常也被称为摆脱地球引力的"逃逸速度"。

试想一下，一发炮弹在半空中爆炸，其碎片向各个方向飞去（见图 128a）。被爆炸力抛出的碎片在重力的作用下飞散开来，而重力则倾向于将它们拉回共同的中心。因为炮弹重量不大，它的引力可以忽略不计，根本不会影响碎片在空间中的运动。然而，如果这些力更强，强到足以阻止碎片飞行，强到足以使碎片落回共同的重心（见图 128b），情况则完全不同。

因此，碎片是回来还是飞向无限远，其实并不绝对，这取决于其动能和引力势能的相对关系。

用独立的星系来代替那些弹片，你就会看到一幅宇宙膨胀图。星系"弹片"的质量很大，相对于它们的动能来说，引力势能也变得不可忽略[①]。只有仔细研究动能、势能这两个量之间的关系，才能决定宇宙未来膨胀与否。

根据现有的星系质量数据，相互退行的星系动能似乎比引力势能大了好几倍，由此可见，我们的宇宙还会向无限远处扩张，甚至没有任何机会被引力再次拉到一起。然而，与整个宇宙有关的许多数据并不准确，说不定某天，新的发现会把整个结论都颠倒过来。不过，即使宇宙真的会突然停下膨胀的脚步，然后真的开始收缩，那也足足需要几十亿年时间，所谓"繁星坠落，万物坍缩，粉身碎骨"的预言至少眼下还遥遥无期。

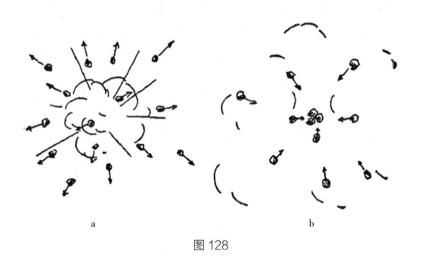

a   b

图 128

---

① 运动粒子的动能与它们的质量成正比，它们的相对势能却与质量的平方成正比。

　　那么这种爆炸力超强的东西究竟是什么？是什么让宇宙的碎片以如此可怕的速度四处飞散？答案可能会让人有点失望：也许根本就不存在所谓的爆炸。宇宙目前正在膨胀，很可能是因为曾经的某个时期，它从无穷大收缩到了一，这里的一就是那个密度超大的状态，然后又在那个点反弹。这就好比你走进一间运动馆，看到一个乒乓球正从地板上高高弹起，你会不假思索地说，在你进入房间前的某个瞬间，球从一个类似的高度落到地板上，然后由于弹性的作用又跳了起来。

　　不妨让思绪天马行空，想象回到宇宙的前压缩阶段，那么现在发生的一切是否都以会相反的顺序发生。

　　如果回到 80 亿或 100 亿年前 [①]，这本书是否就应该从最后一页写起？你是否会从最后一页一直读到第一页？那时候的人是否会从嘴里吐出炸鸡，然后在厨房里复活一只只肉鸡，再然后把它们送到农场，看它们在那里从成年长回幼年，最后爬回蛋壳里，几周后又变成新鲜的鸡蛋？尽管这些问题很有趣，但从纯科学的角度看，我们无法回答这些问题，因为收缩的宇宙会将所有物质挤压成均匀的核流体，也会彻底抹去早期阶段的所有信息。

---

① 当时估计的宇宙年龄是 50 多亿年，这里的 80 亿、100 亿也都是相对 50 亿的宇宙前世假设。——译者注